なんで
中学生のときに
ちゃんと
**学ばなかったん
だろう**…

現代用語の基礎知識・編
おとなの楽習

1

数学のおさらい

自由国民社

装画・さめやゆき

もくじ

第1章 文字式の使い方

第1節
文字式と式の計算すればこそ
数学している自分を実感…8
【ノート】単項式の書き方ルール…11

第2節
通分と約分を経て分数の
いまだ残りて落ち着かぬ夜…28
【ノート】主な用語を押さえておこう…38
■コラム
2乗、1乗、0乗、-1乗、-2乗──？？？…39

第2章 いろいろな数の世界

第1節
負の数の存在感を感じつつ
立場変われば正負交替…44

第2節
大根がとても高くて買えなくて
きょうのおかずは平方根よ…58

第3節
電卓の手には負えない落とし穴
たかが計算されど計算…65
【ノート】主な用語を押さえておこう…85
■コラム
もしも0で割ったなら…87

第3章　まほうの方程式・不等式

第1節
未来をば方程式にするだけで
解けるようなら占いいらず…94

第2節
Give and Takeの精神
解2つ出せというならヒントも2つ…112

第3節
数式におさまりきらぬ日常の
波瀾万丈これまた楽し…126

第4節
脱出だ！　方程式の樹海から
二次の向こうに明日が見える…140
【ノート】主な用語を押さえておこう…146

■コラム
分数ファンタジー「12玉の毛糸」…149

はじめに　数学は非日常だとわかってる
　　　　　　　だから気ままな時空の旅路

「中学にもなったら、数学の宿題なんか子どもに質問されてもわからないわ」「うわ〜、明日の授業参観、数学かぁ。やめとこうかな」そんな声を、ちょくちょく耳にします。

　数学が苦手な人は、なぜ数学が苦手なのでしょうか？　それは、ひょっとしたら次の誤解が原因ではないでしょうか。

①数学は積み重ねが大事な教科だから、一度レールからはずれたら再起不能。
②数学は日常生活にもっとも役立たない教科だから、学ぶ意味がない。

もう、積み重ねの心配はいりません

　中学に入学して、算数の代わりに新しい教科として始まる数学。「基礎の積み重ねが大事ですよ」と言われながらスタートするも、いつの間にやら納得できない箇所や弱点が積もり積もっていきます。そうして、どこから修復すればよいのかわからない。「私は数学が苦手なんだ」と思い込みながら、卒業式までなんとか逃げ切った。これじゃあ、数学が青春時代の苦い思い出にあっても仕方がないですね。

　あの頃は、自分自身の成長と授業のペースがとても微妙なバランスでやっていたのです。でも、学校を卒業して、学校

では習わなかったような困難や面倒にも出くわして、私たちはここまで駆け抜けてきました。いまからやり直す数学は、決してゼロからのスタートではありません。思いついたときに、思いついたところをちょいと摘んでみるだけでもいいのですよ。

数学は数学です

　食事の目的が明日へのエネルギー補給だけではないように、学校で学ぶことは、必ずしも生きていくためのノウハウばかりではありません。「数学なんて、何の役に立つのよ」と言われて、大人たちは、できるだけ日常生活と結びつけられるような話題を数学の中に取り込もうと努力してきました。けれども、そのほとんどがこじつけであることを、多感な中学生は簡単に見破ってしまいます。

　たかし君の家から学校までは800m。たかし君は、毎朝分速60mで歩いて登校しています。ある朝、たかし君が家を出た10分後に、お母さんが忘れ物に気づいて自転車で追いかけました。学校に着くまでに忘れ物を手渡すには、お母さんは分速何m以上で走らねばならないでしょう。

　いやはや。毎朝分速何mで通学しているとか、考えたことありますか？　それに、どうしても学校に着くまでに渡して

おかなければならない忘れ物って、何だったのでしょうね？

　数学は、算数ではなくて数学なのです。

　推理小説でハラハラしたりファンタジー映画でワクワクするのと同様に、あるいは、同じ服は買えなくてもファッション雑誌のページを繰って目の保養にするように、数学もそのまま「数学」として楽しんでほしいものです。生活に直接役立つハウツー教科ではないけれども、数学を楽しんだという経験は、見えないところで大脳の栄養になるはずです。

　さて、よほどの事情がない限り、みなさんの中に「数学をやるのは初めてなんです」とおっしゃる方はないでしょう。「数学は全部忘れました」と言いながらも、私たちはどうあがいても、もう数学処女ではないのです。

　本書では数学独特の数式や用語がバンバン出てきます。中学１年生が授業で習うように、いちいち表記や用語の定義を述べてから次に進むということはありません。でも、きっと大丈夫。「ああ、そういえばこんなふうだったなぁ」と懐かしく思い出しながら読み進めていってください。

　頃合いを見はからって、数学の基本的なルールや用語をまとめて解説しているページもあります。【ノート】となっているページのことです。本文を読んでいてわからないことが出てきたら、そのページをめくってみてください。

1章 文字式の使い方

「数学は神が宇宙を書くためのアルファベットだ」と、かのガリレオ・ガリレイは言ったそうです。自然科学の分野では、数学は考えるための道具であり、世界共通のコミュニケーションツールでもあります。

英語を学ぶときに「ＡＢＣ」を知らなくては始まらないように、まず、この章では、文字式とその使い方のきまりを身につけていきましょう。

数どうしの計算なら、最後に出てきた値が合っていれば正解です。こっそり電卓で答えを出すこともできます。ところが文字を含んだ数式の計算は、その根本的な仕組みや約束ごとを理解していなければ、電卓だって役に立たないのです。

数学を言葉として活用するときは、平面の話なのか立体の話なのか、あるいは直線なのか曲線なのか、はっきり区別し

ておく必要があります。そこで、はじめに次数や式の種類について整理しています。

　文字式では割り算を分数で表しますが、この分数の扱いの複雑さが、計算ミスの大きな原因になっています。分数にしても約分や通分にしても小学校の段階で習っているわけですが、数の約分・通分と文字式のそれでは、要領がかなり違ってきますね。実はコツさえつかめれば、文字式の約分・通分の方が明解で簡単なのですよ。

　そのため、この章では分数の形になっている文字式の扱いに多くのページを費やしました。そして、無意識にこなしてきた数の計算にも、実は重大な法則があったことを確認します。

　小学校で「答え」として求めた一つの計算結果が、どのようなプロセスを経て出されているのか。それを追っていくことで、つまずきの名所がきっと明らかになることでしょう。

第1節 文字式と式の計算すればこそ数学している自分を実感

次数とは？

次数とは、かけ合わされている文字の個数。

次数とは何かといえば、これに尽きます。どんなに言葉を尽くしてもそうとしか言いようがないのです。いくつか例を挙げておきますから、しばし観察してみてください。

[次数が3の単項式の例]

(1) x^3　　(2) $6ab^2$　　(3) $2abc$　　(4) x^2y

[次数が2の単項式の例]

(1) x^2　　(2) $7b^2$　　(3) ab　　(4) $4xy$

[次数が1の単項式の例]

(1) x　　(2) $5a$　　(3) $\frac{2}{3}b$

単項式：数や文字の乗法（かけ算）だけでできている項。
項：数式や文字式において、たし合わされているそれぞれの部品を「項」という。ひき算になっている部分は「−」の符号も含めて「負の項」と見なす。

次数と似た言葉に「次元」という言葉があります。四次元ポケットなんてのもありました。タテ・ヨコ・奥行きでできている立体世界のこの世が三次元空間と呼ばれるのに対して、アニメなどの平面世界は二次元と呼ばれます。そう考えたら、四次元ポケットが実は二次元のアニメに登場しているというのは、なにやら不可解な話ではありますね。

　立体の体積はcm^3、m^3などの単位で表し、平面図形の面積はcm^2、m^2などの単位で表しますから、3乗なら三次元、2乗なら二次元というイメージがありますね。もう一つ下がって、cm、mなどの単位で距離を表す直線上の世界は、一次元です。

　次数と次元を関連づけて理解するのはよいのですが、一つだけ気をつけたいことがあります。それは、次数の方はあくまでも「文字」がいくつかけ合わさっているのかということなんです。

　たとえば、タテ5（cm）、ヨコx（cm）、奥行きy（cm）の立体（直方体）の体積は、$5xy$（cm^3）と表せますが、この「$5xy$」を単項式と見た場合、次数は3ではなく2です。
　タテ4（cm）、ヨコ5（cm）、奥行きx（cm）なら、体積は$20x$（cm^3）。けれども、「$20x$」の次数は1ですね。

文字式の使い方　　9

こうして次数がわかれば、次数が1の単項式は1次式、次数が2なら2次式……という言い方をするのも難しいことではありませんね。

　ただ、文字式は単項式だけではありません。項が一つだけしかない単項式に対して、多項式というものもありました。多項式とは、次の例のように単項式を2つ以上たし合わせたものです。ひき算になっている部分は、「負の項」をたしていると考えます。

[多項式の例]
（1）$3+x$　　（2）$a+b$　　（3）$xy-y^2+5$
（4）a^3-4　　（5）x^2+abc

　多項式の場合は、その式の中で一番次数の高い項だけに注目します。

　上の多項式の例では、（1）1次式、（2）1次式、（3）2次式、（4）3次式、（5）3次式となります。

　（5）では、「x^2」の項は2次ですが、「abc」の項が3次なので多項式としては3次式なのです。

【ノート】単項式の書き方ルール

＊かけ算の「×」は省略、「÷」は使わずに分数で表す

$a \div b \times 2 \rightarrow \dfrac{2a}{b}$

＊同じ文字の積（かけ算）は、a^2、a^3……のように何回かけ合わせるかを右上に示す

$a \times a \times b \times b \times b \rightarrow a^2 b^3$

＊順番は数字が先。文字はできるだけアルファベット順

$c \times 5 \times a \rightarrow 5ac$

＊数字どうしの積を表すときは「×」の代わりに「・」を使用

$3 \times 4y \rightarrow 3 \cdot 4y$

何と何をかけているかをはっきりさせる必要がなければ、計算してしまって「$12y$」と表します。

＊1をかけ合わせるとき、「1」は書かない

$y \times x \times 1 \rightarrow xy$

文字式の使い方

❗これもポイント

*順番がバラバラになっていますが……？

かける数や文字は先にかけても後からかけても同じですから、
$a ÷ b × 2 = a × 2 ÷ b = 2 × a ÷ b$

*割る数や文字は分母になる

1枚のピザを6人で分けたら1人分は$1 ÷ 6 = \frac{1}{6}$（枚）。8人で分けたら$1 ÷ 8 = \frac{1}{8}$（枚）ですよね。

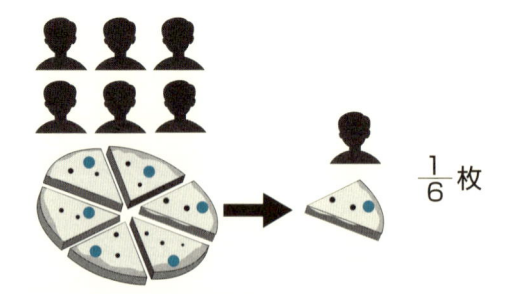

$\frac{1}{6}$枚

*かける数字は括線（分数の横線）の上に

$2\frac{a}{b}$ こんな風に表すと、なんだか変。帯分数とまちがえないよう、かける数字は括線（分数の横線）の上にのせてしまってください。

パズル感覚で分類〜1階の住人と2階の住人

いよいよ、実際に文字式の計算をやってみましょう。

「単項式の乗法」というものですが、要するに、かけ算や割り算だけでできている文字式をもっとスッキリさせようということです。文字式では割り算を分数で表すため、分数の形がしょっちゅう出てきます。ですから、たし算やひき算が混じってこない方が、通分の必要がなくて楽なんですよ。

ただ、かけ算だからといきなりかけ合わせてしまっては、係数（文字とかけ合わせている数字）や次数（〜乗にあたる数字）がやたらと大きくなってしまいます。まずは観察。

それぞれの単項式について1階の住人（分母にかける項）か2階の住人（分子にかける項）かをはっきりさせ、符号がプラスになるかマイナスになるかを判断。分母か分子のどちらだけがマイナスなら、その分数の符号はマイナスです。どちらもプラス、あるいはどちらもマイナスであれば、その分数の符号はプラスです。

括線（分数の横線）は少し長めに引いてから、分母の項と分子の項を並べてそれぞれ「×」の記号でつなげておきます。係数どうしをかけ合わせたり、「×」を省いて文字をアルファベット順に書き並べるのは、約分が終わってからです。

分母と分子は、次の3つの決まりにそって括線の上下に書き分けていきます。

文字式の使い方

① 先頭の項と「×」の次の項は2階（分子）。
② 「÷」の次の項は1階（分母）。
③ 「÷」の次の分数は、分母を2階へ、分子を1階へ。

[練習1]

$$x^2 \div \underset{\text{分母へ}}{\boxed{xy}} \times \left(\frac{y}{x}\right)^2 \qquad \left(\frac{y}{x}\right)^2 = \frac{y^2}{x^2}$$

$$= \frac{x^2 \times y^2}{xy \times x^2} \qquad x^2 と y で約分できる$$

$$= \frac{x \times x \times y \times y}{x \times y \times x \times x} \qquad \text{つまりこういうこと。}$$

（慣れたらこの行は省略）

$$= \frac{y}{x}$$

[練習2]

$$\boxed{\frac{4}{3}a^2} \div \left(-\frac{1}{9}a^3\right) \times a$$

$$= \frac{4a^2}{3} \times \left(-\frac{9}{a^3}\right) \times a \qquad \text{分母・分子をはっきり分け、入れかえてかけ算に。}$$

$$= -\frac{4a^2 \times 9 \times a}{3 \times a^3} \qquad a^2 と a と 3 で約分できる$$

$$= -\frac{4 \times a \times a \times \overset{3}{9} \times a}{3 \times a \times a \times a}$$

$$= -\frac{4 \times 3}{1}$$

$$= -12$$

[練習3]

$$-\frac{2}{5}x^2 \div \left(\frac{1}{2}x\right)^2 \times \left(-\frac{15}{16}x\right)$$

$$= -\frac{2x^2}{5} \div \frac{x^2}{2^2} \times \left(-\frac{15x}{16}\right) \quad \left(\frac{x}{2}\right)^2 \text{は}$$

$$= \left(-\frac{2x^2}{5} \times \frac{2^2}{x^2} \times \left(-\frac{15x}{16}\right)\right)$$

$$= \frac{2x^2 \times 2^2 \times \overset{3}{\cancel{15x}}}{5 \times x^2 \times \underset{2}{\cancel{16}}} \leftarrow \text{約分∧ロア}$$

$$= \frac{3x}{2}$$

→ ふつうは $\frac{3}{2}x$ とかく。

※ 正(+)と負(-)の乗除
・+どうし −どうしの計算
　　　　　結果は ＋
・−の項が(1,3,5,7…)個
　あるときの計算結果は −

	分子	2×2²	x²	15
	分母	16	x²	5

（くわしくは第2章で!）

　こうした計算問題では、やり方がきちんと理解できさえすれば、子どもたちは馬車馬のように問題を解きはじめます。でも、そのうち飽きる。はじめのうちはできれば嬉しいけれど、だんだん飽きてくるんですね。

　やればできそうな問題だから、よけいに面倒でやらなくなる。やらなくなると後ろめたさが生じてきて、少しわからないところが出てきたときに、自分は「数学＝計算」が苦手なのだと思うようになる。大人になってからも「数学なんてちっともおもしろくなかったな」という思い出しか残らないわけです。

文字式の使い方

計算練習はストレッチや筋肉トレーニングのようなもの。
　演劇でいえば発声練習。テニスでいえば壁打ち……。演劇やテニスなら、舞台やコートで活躍している自分をイメージして、地道なトレーニングを続けていきますね。
　ところが、数学の晴れ舞台はどんなものでしょう？
　山の頂上にたどり着いたときの達成感や、ふもとの町を眺めたときの感動は、そこまで登ってきた人にしか味わえません。けれども、目につきやすい「受験合格の丘」に、ゴールの旗らしきものが立っている。
　学校で学ぶ数学は、山の真の頂上をちらちらと気にしながらも、子どもたちが「受験合格の丘」を登り切ったところで修了証書を渡してしまっているのです。
　単純で苦痛な作業を繰り返したり、頭に入ってこない問題を見つめながら、ただ時が過ぎるのだけを待っていたという経験のみ。そうして、ついに数学の醍醐味を味わうことなく学校を卒業してしまいます。
　ですから、「数学なんておもしろくない」と言うのは、まだ早いのですよ。

分数の割り算は「逆数にしてかける」という道具

「÷」の次の分数は、分母を2階へ、分子を1階へ。

　前項で、さらりとこのようなルールを掲げました。これは「分数の割り算なので逆数にしてかける」という作業です。
　なぜ、分数の割り算は分母と分子を逆にしてかけるのか。いろいろな本にその理由は書かれていますが。読めば読むほど、わかったようなわからないような気分になりますね。

$$x \div \frac{a}{b} = x \times \frac{b}{a}$$
【具体例】 $10 \div \frac{2}{5} = 10 \times \frac{5}{2}$

　いまは、とにかくそういうものだと思って使ってください。
　電子レンジでなぜ調理ができるのか？　飛行機はなぜ飛ぶのか？　そのメカニズムを知らないでも、私たちはとりあえずおいしいごちそうにありついたり、海外旅行に出かけたりしています。道具は、使っている最中にその仕組みを気にしていても仕方がないのです。
　もちろん、道具を使うときにある程度の原理を知っていると安心です。特に数学や理科では、実証されていないデータや理論を元にして、次の話を語ることはできません。
　小学校で分数の割り算を習うのは、それを理解しなければ

ならないというよりは、「分数で割るにはどうしたらよいのだろう」「なぜ、分母と分子を入れ替えたらうまくいくのだろう」と、みんなで考え、練り上げていく過程が大切にされているからです。そして、ひとたび「ああ、そうなのか」と理解したり「なんとなくわかったような気がする」という経験をしたら、あとは迷わず確実に道具を使っていきましょう。

なぜ、分数の割り算は分母と分子を逆にしてかけるのか。それを子どもたちと一緒に考えるための小さな童話を巻末に載せていますので、ぜひ参考にしてください。

ところで、$a=\frac{a}{1}$、$\frac{b}{1}=b$については大丈夫でしょうか？「1分の〜」というのは「1で割っている」ということ。1で割っても、元の値は変わりませんからね。

[例1]　$x \div a = x \times \frac{1}{a}$

$a=\frac{a}{1}$だから　$x \div a = x \div \frac{a}{1}$
逆数にしてかけると
　$x \div \frac{a}{1} = x \times \frac{1}{a}$
つまり
　$x \div a = x \times \frac{1}{a}$

【具体例】　　$10 \div 2 = 10 \div \dfrac{2}{1} = 10 \times \dfrac{1}{2}$

[例2]　$x \div \dfrac{1}{b} = x \times b$

逆数にしてかけると

$x \div \dfrac{1}{b} = x \times \dfrac{b}{1}$

$\dfrac{b}{1} = b$ だから　$x \times \dfrac{b}{1} = x \times b$

つまり

$x \div \dfrac{1}{b} = x \times b$

【具体例】　　$10 \div \dfrac{1}{5} = 10 \times \dfrac{5}{1} = 10 \times 5$

不可解なルールがもう一つ出てきましたね。

「÷」の次の項は1階（分母）。

　文字式の決まりとして、「÷」を使わずに分数で表すということは復習しましたが、やっているうちにふと我に返って「なんで割る数が分母になるのか」と、疑問に思われるかもしれません。

　割り算と分数の関係については、次節でもう少し詳しく確

文字式の使い方

かめてみたいと思います。

　ここでは、分母に注目して考えてみましょう。

　いきなりですが「ふしぎなポケット」の歌を覚えていますか。まど・みちお氏による作詞の、あの歌です。ポケットをたたけばたたくほど、中に入れたビスケットの数が増えるというものでしたね。これ、実際にやってみると、ビスケットの分量は変わらないけれども、かけらの数なら増えることがあります。もちろん、かけらの大きさはどれもまちまちでしょうから、等分に分けることを前提にした分数と結びつけるのは、数学的には無茶なことです。けれども、分数のイメージをつかむにはちょうどよいたとえです。

　ポケットをたたくと、中のビスケットのかけらが増える。これは、割れば割るほど分数の分母が増えていくイメージです。一方、ビスケットの大きさは小さくなっていく。これは、分数の値が小さくなっていくということです。分母の数が大きいほどその分数の値は小さい。2分の1よりも3分の1、3分の1よりも100分の1の方が、小さい値です。

　そうして、ポケットをどんどんたたけばたたくほど、ビスケットは粉々になっちゃうんですね。このたとえ話では、割る数は1よりも大きな数だと思ってくださいよ。だって、1回たたくということはできても、3分の1回たたくとか0.7回

たたくなんてことはできないのですから。

普段は意識しないけれど、基本は3つの計算法則

①順不同の交換法則と結合法則

　ひき算や割り算ではひく数とひかれる数、割る数と割られる数を適当に入れ替えることはできませんが、たし算、かけ算では問題ありません。たし合わせたりかけ合わせる順序を変えても、計算の結果は同じになりますね。入れ替えても大丈夫というのが交換法則。順序を変えてもＯＫというのが結合法則です。

[交換法則]

　$a+b=b+a$　　【具体例】3＋7＝7＋3
　$a×b=b×a$　　【具体例】3×7＝7×3

[結合法則]

　$a+b+c=a+(b+c)$
　【具体例】3＋5＋8＝3＋(5＋8)
　$a×b×c=a×(b×c)$
　【具体例】3×5×8＝3×(5×8)

文字式の使い方

いまさら、そんなことは当たり前のように思えますが、数式処理についてルールを決めたとき、この交換法則や結合法則が成り立つかどうかを確かめるのは、大事なことなのです。

　ただし、結果の値が同じになっても、式が表している意味には違いがあります。イコールで結んでいるのは、あくまでも結果の値が等しいからです。

　小学校の文章題で、どうせ計算結果が同じなのに、数式の中の数字の位置や順序が違うだけで〇がもらえなかった経験がある方は、意味がきちんと数式の中で表現できていなかったのかもしれません。

②計算の王道〜分配法則

　数式を計算していくときに、特に活躍するのが分配法則です。交換法則や結合法則に比べると少しややこしく、自在に使いこなすためには計算練習をしておく必要があります。

[分配法則]

$a \times (x+y) = (a \times x) + (a \times y)$

【具体例】$3 \times (7+2) = (3 \times 7) + (3 \times 2)$

$(x+y) \times a = (x \times a) + (y \times a)$

【具体例】$(7+2) \times 3 = (7 \times 3) + (2 \times 3)$

たとえば、子どもが7人、大人が2人いたとします。まず、子どもたちにアメを3つずつ配った後、やっぱり大人もいただこうということで同じように3つずつもらうことにすれば、全部で27個のアメを分け合ったことになります。

(3×7) + (3×2) =27

結局は子どもも大人も個数の差がなく、アメ3つずつを9人に配ったことになりますね。初めからそうとわかっていれば、わざわざ(3×7) + (3×2)のように子どもと大人の人数を分けて計算しなくても、3×(7+2)と考えたことでしょう。

3× (7+2) =27

数式だけながめていると、これも当たり前といえば当たり前のような気がします。それぞれの式の意味も、なんとなく納得していただけるのではないでしょうか。

文字式の使い方

念のため、もう一つ例をあげておきます。

1050円のお弁当を6人分買いに行ったとします。どんな計算をしますか？ おそらく、無意識のうちに頭の中で次のように計算しているのではないでしょうか。

```
 1050×6
=(1000+50)×6
=(1000×6)+(50×6)
=6000+300
=6300
```

そして、財布の中に1万円札と小銭しかなくて、その小銭の中に100円硬貨が3枚以上あれば、1万円札と300円とを出して、4000円のおつりをもらったりするということは、よくありますよね。

文字式の計算は、これらの3つの法則をうまく使って式をシンプルな形に変形していくわけですが、はじめの文字式が複雑な形になっていると、「−」のついている項や分数を含む部分などでうっかりミスが増えてきます。

そこで、実際にちょっと複雑な計算にチャレンジしながら、文字式の見どころをおさえていきましょう。

文字式のながめ方　その1〜分子

この頃は、洗剤でも化粧品でも科学的な解説を添えた宣伝が主流ですから、「分子」というと「においの分子」などの「分子」を連想される方が多いでしょうね。けれども、この本は数学の本ですから、「分子」といえば分数の分子。分数一家のお子さんたちです。

文字式では、この分子が多項式になっているものもよく出てきます。特にかっこでくくったりはしていませんが、きょうだいなのですからとっても仲良し。括線から下ろすときは、バラバラにならないようかっこでくくってから下ろしてあげてください。

[練習4]

$$6\left(\frac{5x-4y}{3} + \frac{3x}{2}\right)$$
　　6を( )内のそれぞれの項にかける〔分配法則〕

$$= \overset{2}{6} \times \frac{5x-4y}{3} + \overset{3}{6} \times \frac{3x}{2}$$
　　$(5x-4y)$のかっこを忘れずに！

$$= 2 \times (5x-4y) + 3 \times 3x$$

$$= 2 \times 5x + 2 \times (-4y) + 3 \times 3x$$

$$= 10x - 8y + 9x \qquad 10x + 9x = 19x$$

$$= 19x - 8y$$

文字式の使い方

文字式のながめ方　その2～乗除

　小学校では、＋、－、×、÷の記号を計算の4大記号として馴染んできました。そのため、4年生で「かけ算と割り算を先に計算するのですよ」と習っても、5年生、6年生で久しぶりに計算問題を解いたら、ついつい出てきた順に計算してしまいますね。

　文字式を扱うようになると、かけ算の記号はたいてい省略されますし、割り算も分数で表します。けれども、式の意味をはっきりと表すために、あえて×、÷の記号を残していることもあります。

　×、÷を省略していようがいまいが、乗除になっている部分はそれだけで一つの項。どこまでが乗除の関係でつながっているのかを見分け、一つのかたまりとして扱います。

[練習5]

$$(18a^3b - 6ab^4) \div (-6ab)$$

それぞれの項を$(-6ab)$で割る
〔分配法則〕

$$= \frac{18a^3b}{-6ab} \underset{\text{省略されていた }+}{+} \frac{-6ab^4}{-6ab}$$

$$= -\frac{\overset{a^2}{\cancel{18}a^3b}}{\cancel{6ab}} + \frac{\cancel{6ab^4}^{b^3}}{\cancel{6ab}}$$

$$= -3a^2 + b^3$$

[練習6]

$(10x^3 - 4x^2 + 2x) \div \left(-\dfrac{2}{5}x\right)$ 　　$-\dfrac{2}{5}x = -\dfrac{2x}{5}$

$= (10x^3 - 4x^2 + 2x) \times \left(-\dfrac{5}{2x}\right)$ ← 分母分子を逆にして それぞれの項にかける

$= 10x^3 \times \left(-\dfrac{5}{2x}\right) - 4x^2 \times \left(-\dfrac{5}{2x}\right) + 2x \times \left(-\dfrac{5}{2x}\right)$
　　　⊕×⊖=⊖　　　　⊖×⊖=⊕　　　　⊕×⊖=⊖

$= -\dfrac{10x^3 \times 5}{2x} + \dfrac{4x^2 \times 5}{2x} - \dfrac{2x \times 5}{2x}$

$= -25x^2 + 10x - 5$

[練習7]

$2x - \{12x^2y \div (-4xy)\}$
　　　↳ ココがかたまり

$= 2x + \dfrac{12x^2y}{-4xy}$

$= 2x + 3x$

$= 5x$

文字式の使い方

第2節 通分と約分を経て分数のいまだ残りて落ち着かぬ夜

　文字式の計算がややこしく感じるのは、特に通分や約分をする際です。文字を含まず普通の数や分数だけの数式であれば、計算ミスさえしなければ正しい結果が導けます。しかし、文字式は文字を含んでいるため式のパーツがなかなか減らず、何段階かに分けて処理していくうちに、どこかで小さなミスをしてしまうことが多いのです。

約分できるときとできないとき

　分数にある数をかけるとき、うまい具合にその数と分母が同じ数で割り切れて約分できる場合はよいのですが、そうでない場合は、例の分配法則を使うことがよくあります。分子が多項式になっているときです。そのとき、分子のどの項もきょうだいなのですから、それぞれにある数をかけてやる必要があります。［練習8］

　ということは、ある数で割るときも、分子のどの項も平等に同じ数で割らなくてはなりません。分母と分子を見つめていて、一見共通の約数があるように感じても、約分ができる

とは限らないのです。分子のどの項も、分母と共通の同じ約数をもっていないと約分はできません。[練習9]

[練習8]

$$3 \times \frac{2x+y}{8}$$
$$= \frac{3 \times (2x+y)}{8}$$ まちがい① $\frac{6x+y}{8}$
$$= \frac{6x+3y}{8}$$ まちがい② $\frac{2x+3y}{8}$

[練習9]

$$\frac{8x+12y}{8}$$
まちがい $\frac{8x+12y}{8} = x+12y$
$$= \frac{4(2x+3y)}{8_2}$$
まちがい
$$= \frac{2x+3y}{2}$$ $\frac{2x+3y}{2} = x+3y$

「−」が括弧の左についているときは、分子全体に「−」が影響します。数字の1は省略していますが、分数に「−1」をかけているのと同じことなのです。[練習10]

文字式の使い方

[練習10]

$$-\frac{2x-5}{3} + \frac{3(x-1)}{2}$$
$$= \frac{-(2x-5)}{3} + \frac{3(x-1)}{2}$$ かっこはまだはずさない。

通分

↓分母分子を2倍 ↓分母分子を3倍

$$= \frac{-2(2x-5)}{6} + \frac{9(x-1)}{6}$$
$$= \frac{-4x+10}{6} + \frac{9x-9}{6}$$
$$= \frac{-4x+10+9x-9}{6}$$
$$= \frac{5x+1}{6}$$

[練習11]

$$\frac{x-y}{3} - x + \frac{x-y}{6}$$

↓分母分子を2倍 ↓分母分子を6倍

$$= \frac{2(x-y)}{6} - \frac{6x}{6} + \frac{x-y}{6}$$
$$= \frac{2x-2y-6x+x-y}{6}$$
$$= \frac{-3x-3y}{6}$$ 分子の項、$-3x$、$-3y$は
$$= \frac{-3(x+y)}{6_2}$$ どちらも -3 で割り切れる。
$$= \frac{-(x+y)}{2}$$
$$= -\frac{x+y}{2}$$

基本は (a+b)(c+d) ＝ac+ad+bc+bd

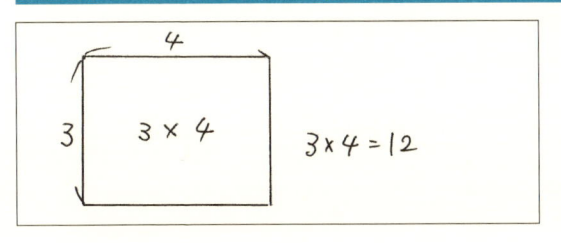

```
      4
   ┌─────┐
 3 │ 3×4 │    3×4 = 12
   └─────┘
```

　この長方形の面積は簡単にわかりますね。

　いま、単位はcmであろうがmであろうが何でもかまわないので、省略します。

　では、タテの長さを2、ヨコの長さを3だけ延長すれば、面積はどうなるでしょうか。タテが5、ヨコが7になるので、これも簡単に計算ができると思います。このとき、面積がどうなったかではなく、はじめの3×4に比べてどれだけ増えたかを考えるのであれば、次のようにそれぞれの区画の面積を計算しておく必要がありますね。

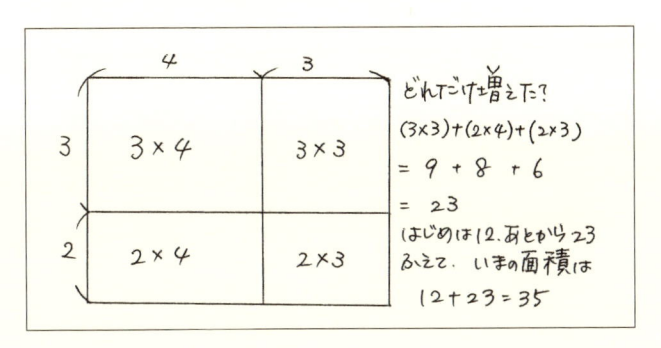

```
       4       3
    ┌──────┬──────┐   どれだけ増えた？
  3 │ 3×4  │ 3×3  │   (3×3)+(2×4)+(2×3)
    │      │      │   = 9 + 8 + 6
    ├──────┼──────┤   = 23
  2 │ 2×4  │ 2×3  │   はじめは12。あとから23
    │      │      │   ふえて、いまの面積は
    └──────┴──────┘   12+23 = 35
```

文字式の使い方

長さを文字で表して計算するようになると、結果は一つの数値としては出てきません。

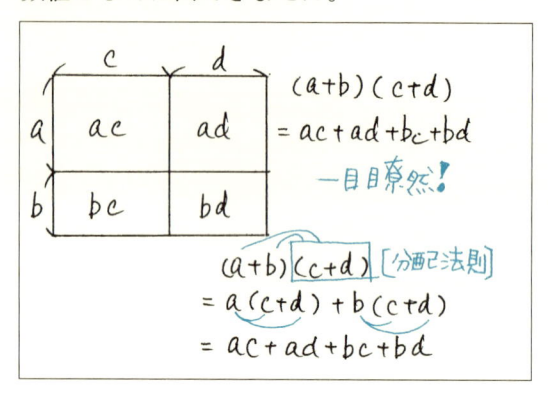

```
        c      d
    ┌──────┬──────┐
  a │  ac  │  ad  │      (a+b)(c+d)
    ├──────┼──────┤      = ac + ad + bc + bd
  b │  bc  │  bd  │      一目瞭然！
    └──────┴──────┘

              (a+b)(c+d)  [分配法則]
            = a(c+d) + b(c+d)
            = ac + ad + bc + bd
```

　これは多項式どうしのかけ算で、もはや「式を計算する」ではなく「式を展開する」という言い方になります。展開とは、乗法（かけ算）の形で表されていた文字式のかっこをはずす作業です。結果が一つの数値として出てこないので、「計算した！」という実感はありません。ただ、展開という作業をしただけなのです。

　上では、図から一目瞭然の ac、ad、bc、cd を単純に「＋」で結びましたが、通常はいちいちこのような図をかきません。分配法則を駆使して導いた

　$(a+b)(c+d)=ac+ad+bc+bd$

これを基本の公式として利用するようになります。

$(x+a)(x+b)$ のように一つの文字式の中に同じ文字があったり、$(a-b)(-c+d)$ のようにいくつかの項には「-」がついていたりと複雑になっていきますが、この公式はオールマイティに使えます。ただし、符号(+、-)の扱いを間違えやすいので注意が必要です。

[練習12]

$(3x-2)(4x+3)$
$=(3x×4x)+(3x×3)+(-2×4x)+(-2×3)$
$=12x^2+9x+(-8x)+(-6)$
$=12x^2+x-6$

[練習13]

$(2a+b)(-3x+2y)$
$=2a×(-3x)+(2a×2y)+b×(-3x)+(b×2y)$
$=-6ax+4ay-3bx+2by$

[練習14]

$a=\dfrac{1}{2}$、$b=-2$ のとき $56a^2b÷(-7a)$ の値を求めよ。

あわてて先に代入して(文字と数を置き換えて)しまうと、損をしますよ。文字式をながめてみてもう少しシンプルになりそうだったら、式の整理を先にしましょう。

$$56a^2b \div (-7a)$$
$$= \frac{56a^2b}{-7a}$$
$$= -8ab \quad \leftarrow \text{ここではじめて } a=\frac{1}{2}、b=-2 \text{ と置き換える。}$$
$$= -8 \times \frac{1}{2} \times (-2)$$
$$= 8$$

展開で散らかした式を今度は因数分解でおかたづけ

先ほどの「式の展開」は、とにかく分配法則を駆使して、かっこの中に収まっている項をほかのかっこの項とまんべんなくかけ合わせていきました。何を悩むでもなく、とにかくどんどんかけていくだけです。

それに対して、因数分解という展開とはまったく逆の計算があります。分解とはいえども、散らかしたおもちゃを再びかっこの中に片付けていくような操作です。ですから、展開に比べたら少し頭を使うことも出てきます。

約分のときは分母と分子で共通の約数がないかを探しますが、因数分解でも、散らかっているいくつかの項の中に、共通の約数がないかどうかを探します。共通の文字でもかまいません。[練習15、16]

特に、後で二次方程式を解いたり二次方程式のグラフを考えたりするときは、「ax^2+bx+c」の形の式を因数分解する

ことが多くなります。

$(a+b)(c+d) = ac+ad+bc+bd$

この式のa、cをどちらもxと置き換えると、次のようになります。

$$(x+b)(x+d) = x^2+xd+bx+bd$$
$$= x^2+(b+d)x+bd$$

これも公式として覚えておくと大変便利です。覚えるというよりは、かけると定数項になり、たすとxの係数になるような、そんな2つの数がキーナンバーになると理解しておくわけです。[練習17]

[練習15]

$3x+12y$
$=3(x+4y)$

[練習16]

$5a^2b-ab^2$
$=ab(5a-b)$

文字式の使い方

[練習17]

$$ax^2 - 10ax + 24a$$
$$= a(x^2 - 10x + 24)$$
$$= a(x-4)(x-6)$$

どの項も a で割り切れる
足して「-10」かけて「24」になるような数のペアは
-4 と -6

[練習18]

$$-3x^2 + 42x - 147$$
$$= -3(x^2 - 14x + 49)$$
$$= -3(x-7)(x-7)$$
$$= -3(x-7)^2$$ ← このように表します。

どの項も「-3」で割り切れる
足して「-14」、かけて「49」になるような数のペアは
-7 と -7

これは

$(x+a)^2 = x^2 + 2ax + a^2$

の公式を利用するものなのです。

定数項(文字のない数字だけの項)が何かの2乗になっていると気づいたら、xの係数がその数の2倍になっていないかチェックしてみるといいですね。

いきなりこのような問題が単独で出されたら、公式のことはすっかり忘れて気づきもしないのが普通でしょう。けれども、中学生向けの問題集に載っている基本問題は、たいていうまくいくように仕組まれていますよ。

さて、最後に次の問題はいかがでしょう。

[練習19]

$$x^2 - 36$$
あれ？
$$= x^2 + 0 \times x - 36$$
こんなときは
xの係数が「0」だと考えよう
足して「0」、かけて「-36」になるのは……
$$= (x+6)(x-6)$$

実は、これにも「和差の積」という有名な公式があるんです。
$(a+b)(a-b) = a^2 - b^2$

これを利用すれば、102×98のような計算が暗算できますよ。タネあかしは次の通り。

102×98
=(100+2)(100-2)
=$100^2 - 2^2$
=10000-4
=9996

ちょっと桁数が多くて大変だったかな？

文字式の使い方

【ノート】主な用語を押さえておこう

*加減乗除：加法と減法と乗法と除法のこと。
  加法：たし算　　減法：ひき算
  乗法：かけ算　　除法：割り算
*和差積商：加減乗除によって出される結果
  和：たし算によって出される結果
  差：ひき算によって出される結果
  積：かけ算によって出される結果
  商：割り算によって出される結果
*項：数式や文字式で「＋」で結ばれたそれぞれのもの
  定数項：文字を含まず、数だけの項
  単項式：数や文字の乗法だけでできている項
  多項式：単項式の和の形で表される式
  同類項：単項式どうしの関係で、文字の部分が同じ項
*次数　：かけ合わされている文字の個数
*係数　：文字を含む単項式の数の部分
*式の展開：単項式や多項式の乗法の形になっている式を、
　　　　　かっこをはずして単項式の和の形にすること
*式の因数分解：「式の展開」の逆の計算

多項式　$\underset{\underset{\text{係数}}{\uparrow}}{6x^2}+\underset{}{7y}-\underset{\underset{\text{定数項}}{\uparrow}}{6}$
　　　　　項　　項　　項

2乗、1乗、0乗、−1乗、−2乗……？？？

1円から始めて、明日はその2倍の2円。あさっては2円の2倍の4円。その次の日はさらに2倍の8円……というように貯金していくと、一ヶ月とたたないうちに億万長者になれるらしい。問題は、そんな貯金をいつまで続けられるかってこと。2乗、3乗、4乗……。これを累乗というのだけれど、実際にやってみるとかなり激しく増えていく。

$3^2=9$　　　$3^3=27$　　　$3^4=81$
$3^5=243$　$3^6=729$　　$3^7=2187$……

どこまで行ってもきりがない。とにかく、わかるのはいつまでも無限に大きくなっていくということ。

じゃあ、かけていくのではなくて、逆に割っていくのを繰り返したらどうかな。

$3^3=27$　　　　　　　これを3で割れば、
$3^2=27÷3=9$　　　これをまた3で割れば、
$3^1=\ \ 9÷3=3$　　　うんうん。3が1回だけで3
$3^0=\ \ 3÷3=1$

あれ？　0乗って1になるの？　3が0回で0みたいな感じがしてたんだけど。今度は、3じゃなくて4でやってみよう。

$4^1=16÷4=4$、　$4^0=4÷4=1$

やっぱり1になる。

それなら、さっきの「$3^0=3÷3=1$」からその先はど

文字式の使い方

うなるのかな？ まだまだどんどん3で割り続けたら…？

$3^{-1} = 1 \div 3 = \frac{1}{3}$

$3^{-2} = \frac{1}{3} \div 3 = \frac{1}{9} = \frac{1}{3^2}$

$3^{-3} = \frac{1}{9} \div 3 = \frac{1}{27} = \frac{1}{3^3}$ ……

やっぱりどこまで行ってもきりがないみたいだけど、マイナス乗は分数になっていくんだ！ 文字式で、文字をいくつかけているかというのが次数で、x^2は2次式、x^3は3次式というのをやった。x^1は1を省略して x と書くことが多いけど、1次式。

x、x^2、x^3、……

こういう、数や文字の乗法（かけ算）だけで表されている式は単項式。そうすると、$\frac{1}{x}$ や $\frac{1}{x^2}$ も単項式といえそうだけど、実は単項式じゃないらしい。乗法に対して分数は除法（割り算）。「数や文字の乗法だけで表されている」という条件にあてはまらないから、失格なんだろう。あえていうなら、分母が単項式ってところか。x^{-1}、x^{-2} みたいな書き方にすれば、単項式に見えないでもないけれど。

なんだか数学って、理論に添って話を進めていった結果、普通の感覚では思いつけなかったような結果が出たりする。「きっとこうじゃないの」と信じていたことが、見事にくつがえされる。実社会で役立つかどうかではなくて、こんな意外性や発見を楽しむのが数学なのかも。

2章

いろいろな数の世界

算数・数学の素朴な疑問でもっともメジャーなものが、「分数の割り算はどうして逆数にしてかけるの？」と「負の数と負の数をかけたらどうして正の数になるの？」でしょう。なんとなくの感覚だけを頼りに理由を想像してみたり、それらしい説明も少しは聞いたことがあるかもしれません。それでも、まだ論理的思考力の発達が不十分な中学生の段階では、その説明を納得できるまで消化しきれないこともあります。そうしてやり方だけを頭と手にたたき込んできたことが、計算をするときの自信のなさにいつの間にかつながっているのではないでしょうか。

この章では、まず負の数に対する気がかりを解決していきます。

そして、整数から有理数、有理数から実数、実数から複素数へとテリトリーを広げ、数のバーチャルワールドを見て回

ります。複素数は中学校どころか高等学校でも習わない内容ですが、この世界を知っているのと知らないのとでは、数学の楽しみ方に大きな差が出てくるのです。

　また、小学校で習ったじゃないかという内容もあります。分数と割り算の関係、通分と約分のココロ……。潜在意識の底に漂っている計算中の気がかりが、これでさらに解決されます。

　ついでに、文字式という道具を手に入れた大人の視点からも整数を眺めてみましょう。顔や体格がまちまちでも、ユニフォームを着せたら誰がどのチームかがわかりやすくなるように、数も分類して文字に置き換えれば、その関係がわかりやすくなってきます。扱いに慣れさえすれば、文字式がいかに便利なものか、体感していただけると思います。

　章末では、「0で割るタブー」にも触れていますよ。

第1節 負の数の存在感を感じつつ 立場変われば正負交替

０（ゼロ）からの距離「絶対値」

　ハンカチの中ほどをつまんで上に持ち上げてみてください。だいたい、ハンカチの角が一番下まで来ていると思います。つまんだ点から一番離れた角が、下にきているわけです。

　同じようなことを、今度は紐かリボンでやってみましょう。紐の中ほどでもいいですし、少しずれたところでもよいのでつまんで持ち上げてみます。すると、リボンの両端は垂れ下がり、同じぐらいの高さか少しずれた位置で下にきています。

　絶対値とは、こんな感覚です。あなたのつまんだその点が原点ゼロ。年齢でも、体重でも、いま立っている場所でも、なんでも「あなた」が原点です。そこから、いろいろなものの値がどれだけ離れているのか。それが絶対値です。

　自分の年齢を基準にすれば、3つ年下の妹は−3歳。3つ年上の兄は＋3歳。2人とも、自分との年齢差は3歳。

　自分の家を基準にすれば、コンビニは南へ100m。スーパーマーケットは西へ250m。自販機は北へ50m。ちょっとジュースが飲みたいなというとき、値段に差がないのであれば、ジュースは自販機で買い求めるのが一番手早いということに

なります。方角は関係ありませんね。ましてや、コンビニからスーパーマーケットまでどれだけ離れているかとかいう計算も不要です。まずゼロとなる点を決め、そこからどれだけ離れているか。それだけです。

普通は、絶対値といえば数直線上でゼロからどれだけ離れているかということですから、正の数であっても負の数であっても符号（＋、－）を取り除いた数値が絶対値ということになります。

絶対値を表したいときは、数や数式を｜　｜ではさみます。

[絶対値の例]

|−3|＝3　　|＋3|＝3
|7−3|＝4　　|3−7|＝4

単純すぎて、正負の数の計算を学ぶときにどうしてこんなことを覚えなければいけないのかという気がすると思いますが、原点ゼロからどれだけ離れているかという概念が、数学ではけっこう重要なのです。

マイナスをひくって？（ある数−負の数）

KさんとSさんはとっても仲良し。2人ともいまの体重は50kgです。

けれどもＫさんの方は、このところ毎月3kgずつ体重が増えているのです。つまり、Ｋさんは先月に体重を量ったときは47kgでしたが、このままだと来月は53kgになる予定。これを数式で表すと次のように表せます（単位のkgは省略します）。

　来月：50＋（＋3）＝53
　今月：50
　先月：50－（＋3）＝47

　3kgずつ増えていくのですから、今後については3kgずつたしていけばいいですね。そして、過去を振り返ってさかのぼっていく場合は、3kgずつひいていけばいいことになります。
　とはいえ、10ヶ月前はいまより30ｋｇ軽い20ｋｇだった……ということはないと思いますが。

　いっぽう、Ｓさんの方は、このところ毎月3kgずつ体重が減っています。先月に体重を量ったときは53kgでしたが、来月は47kgになってしまうことでしょう。これも数式で表すと、次のように表せます。

来月：50＋（−3）＝47
今月：50
先月：50−（−3）＝53

　最後の式の「−（−」となっているところがちょっとややこしいかもしれませんが、$a-(-b)$ は「a マイナスマイナス b」と読んでください。
今後については（−3）kgずつたしていき、過去へさかのぼっていく場合は（−3）kgずつひいていくことになります。体重がどんどん増えていくKさんとはまったく逆ですね。3kg減っていまの体重50kgになったのですから、1ヶ月前は3kg重かったということになります。これが、50−（−3）＝50＋3なのです。何ヶ月さかのぼっても同じです。

2ヶ月前：50−（−3）−（−3）
　　　　＝50＋3＋3＝56
3ヶ月前：50−（−3）−（−3）−（−3）
　　　　＝50＋3＋3＋3＝59　……

「負の数をひくときはその絶対値をたせばよいのだな」ということがわかれば、これからはもう、機械的に"マイナスマ

イナスはプラス"と覚えてしまってください。

[練習1　負の数どうしのたし算]

```
  (-13) + (-5)
= -13 - 5
= -18
```

「13万円の支出とさらに5万円の支出で合計18万円の支出」のように考えることもできますが、ここでは中ほどの「+（−」の部分に注目。違う符号どうしがかっこを隔てて隣り合っていたら、「−」にしてかっこをはずしてしまうことができます。

[練習2　異なった符号の数のたし算]

```
  (+17) + (-8)
= 17 - 8
= 9
```

「プラス組が17点、マイナス組が8点、9点差でプラス組の勝ち！」のように絶対値の差で考えることもできますが、やはり「+（−」の部分が違う符号どうしだということで、「−」にしてかっこをはずしてしまいましょう。

[練習3]

$$(+17) - (+8)$$
$$= 17 - 8$$
$$= 9$$

これも「−(+」の部分が違う符号どうしなので、「−」にします。

[練習4　負の数どうしのひき算]

$$(-7) - (-5)$$
$$= -7 + 5$$
$$= -2$$

練習1〜3と違い、同じ符号どうしがかっこを隔てて隣り合っています。このときは「+(+」でも「−(−」でも、「+」にしてかっこをはずしてしまうことができます。

[練習5]

```
 (-5) - 4 + (-3) - (-7)
= -5 - 4 - 3 + 7
= -12 + 7   ← 負の項どうしと正の項どうしをまとめます。
= -5
```

　項が3つ、4つと増えていっても、「＋（＋」「－（－」「＋（－」「－（＋」を約束通りに処理して、とにかく最初にかっこをはずしてしまいましょう。

[練習6]

```
 -3 + (-1) - (+5) + 4 - (-6)
= -3 - 1 - 5 + 4 + 6
= -9 + 10
= 1
```

マイナスどうしをかけるって？（負の数×負の数）

　数直線の上を歩いてみましょう。「絶対値」のところでも述べましたが、原点は「あなた」です。そして、あなたの向いている方向が正の方向です。そして、仮に1歩を50cmとすると、1歩ごとに50cm、100cm、150cm……と進んでいく

ことになります。

後ろを向くと、負の方向を向いていることになりますから、1歩ごとに−50cm、−100cm、−150cm……となりますね。

数式で表すと、次のようになります。

【前を向いて進む場合】

50（cm）×1（歩）＝50（cm）

50（cm）×2（歩）＝100（cm）

50（cm）×3（歩）＝150（cm） ……

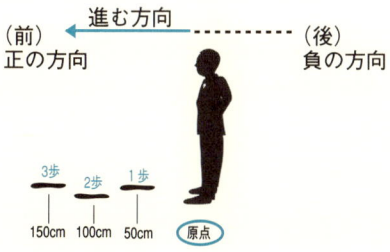

【後ろを向いて進む場合】

−50（cm）×1（歩）＝−50（cm）

−50（cm）×2（歩）＝−100（cm）

−50（cm）×3（歩）＝−150（cm） ……

いろいろな数の世界

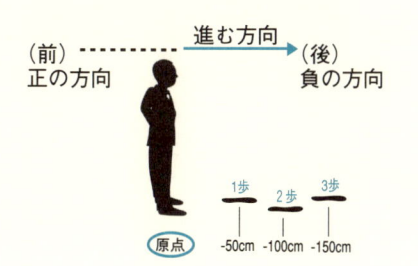

ここで一度、符号に関してまとめておきましょう。

| 前を向いて進む | 「＋」×「＋」＝「＋」 |
| 後ろを向いて進む | 「－」×「＋」＝「－」 |

＊「＋」や「－」は、それぞれ適当な正の数や負の数だと考えてください。

さて、もう一度前（正の方向）を向き、今度は後ずさりしてみましょう。

マイナス思考の後ずさりですから、まっすぐ前を向いているものの、一歩一歩が後退（マイナス）です。後退すればするほどマイナス1歩、マイナス2歩……。

数式は次のようになります。

【前を向いたまま後ずさり】

50（cm）×－1（歩）＝－50（cm）

50（cm）×－2（歩）＝－100（cm）

50（cm）×－3（歩）＝－150（cm） ……

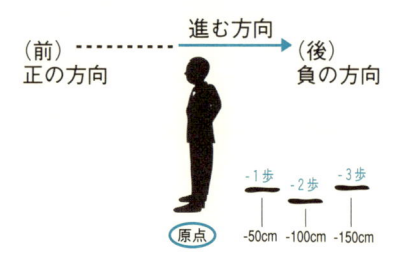

では、その後ずさりを後ろ（負の方向）を向いてやってみるとどうなるでしょう。後退すればするほど体は正の方向へ進んでいきますね。退却の姿勢で後ろを向き、しかも後ずさりしてしまったら、結果として正の方向へ行ってしまうのです。ですから、数式は次のようになります。

【後ろを向いて後ずさり】

　　-50（cm）$\times -1$（歩）$= +50$（cm）
　　-50（cm）$\times -2$（歩）$= +100$（cm）
　　-50（cm）$\times -3$（歩）$= +150$（cm）　……

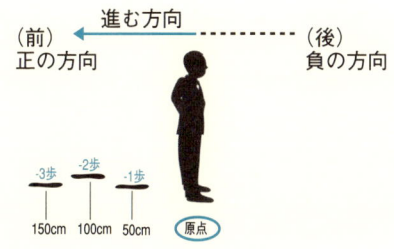

これも符号に関してまとめておきましょう。

前を向いたまま後ずさり　　「＋」×「－」＝「－」
後ろを向いて後ずさり　　　「－」×「－」＝「＋」

　マイナスどうしのかけ算とは、具体的に考えればこういうことなのです。ただし、普段、計算問題などを解いていく場合は、「符号が同じならプラス、違う符号をかけ合わせればマイナス」を規則として覚えて使わなければ、時間がかかって仕方がありませんよ。

いろいろな数の世界

裏向けのシャツを裏返したら表向き

 「符号が同じならプラス、違う符号をかけ合わせればマイナス」と前述しましたが、かけ算とは必ずしも2つの数をかけ合わせるだけではありません。3つ以上の数をかけ合わせる場合も出てきます。割り算が含まれている場合は「逆数にしてかける」ことで、かけ算として考えてくださいね。

 目の前に、裏返しになったシャツがあるとします。これを「−」とします。それを1回だけ表裏を返すと、「−」×「−」でシャツは表向き（「＋」）になります。さらにそれを、もう一度表裏を返せば「＋」×「−」＝「−」で、また裏返ってしまいます。

 1回返すごとにシャツの表裏が反転していくのと同じで、負の数をかけ合わせるごとに、計算結果の符号は逆転していきます。

[負の数の計算を押さえておこう]
①負の数を2つかけ合わせると
　「−」×「−」＝「＋」

②負の数を3つかけ合わせると
　「−」×「−」×「−」
＝「＋」×「−」＝「−」

③負の数を4つかけ合わせると

　「−」×「−」×「−」×「−」
=「+」×「−」×「−」
=「−」×「−」=「+」

④負の数を5つかけ合わせると

　「−」×「−」×「−」×「−」×「−」
=「+」×「−」×「−」×「−」
=「−」×「−」×「−」
=「+」×「−」=「−」

　負の数は、偶数回かけるとプラスに、奇数回かけるとマイナスになるわけです。ですから、そのかけ算（割り算）の中に負の数が偶数個あるか奇数個あるかで、計算結果の符号が決めてしまえるのです。正の数は何回かけても符号が変わるわけではないので、「−」の個数に注目すればよいことになります。

[練習7　「+」×「−」のパターン]

```
 6 × (-7)
= -42
```

[練習8 「−」×「−」のパターン]

$$(-12) \times (-0.25)$$
$$= 3 \times 4 \times 0.25$$
$$= 3 \times 1$$
$$= 3$$

符号はプラスで決まり！ 計算を工夫すると楽ですよ。

[練習9 分数の計算]

$$\frac{6}{7} \times \left(-\frac{35}{18}\right)$$
$$= -\left(\frac{6}{7} \times \frac{35}{18}\right)$$
$$= -\frac{5}{3}$$

分数でも符号の決まりは同じ。先に約分しておきましょう。

[練習10 負の数が1つ]

$$(-7) \times 110 \times 6$$
$$= -42 \times 110$$
$$= -4620$$

小さい数どうしを先にかけてしまいましょう。

[練習11　負の数が2つ]

$$24 \times (-25) \times (-7)$$
$$= 6 \times 4 \times 25 \times 7$$
$$= 6 \times 100 \times 7$$
$$= 42 \times 100$$
$$= 4200$$

[練習12　負の数が3つ]

$$(-12) \times (-6) \div (-3)$$
$$= -\left(\frac{12 \times 6}{3}\right)$$
$$= -(4 \times 6)$$
$$= -24$$

「÷」の次の項は分母になります（第1章第1節参照）。

第2節 大根がとても高くて買えなくて きょうのおかずは平方根よ

物価指数でもローレル指数でもない、ただの指数

指数といえば物価指数やローレル指数がおなじみですが、数学でいう「指数」にはべつの定義があります。

第1章で「次数」という用語が出てきました。また、第1章のコラムでは、0乗を含めて〜乗に関する話題を取り上げました。

「指数」は、この「次数」と少し似ています。語呂が似ているだけではなく、「何乗しているか」を表すという意味ではほぼ同じなのです。ただし、次数は文字を何乗しているかというだけで、数の場合は〜乗の形をしていても、「次数がいくらだ」という言い方はしません。それに対して、指数は数どうしでもかまいません。同じ数や文字を何個かけ合わせたか、その個数を指数というのです。

[練習13　符号ごと2乗する場合]

$$-(-5)^2$$
$$=-(-5)\times(-5)$$
$$=-(+25)$$
$$=-25$$

[練習14　数だけ2乗する場合]

```
  -(-5²)
= -(-5 × 5)
= -(-25)
= 25
```

[練習15　3乗を含む計算]

$$(-2)^2 - (3-9)^3 \div (-3)^2$$
$$= (-2)^2 - \frac{(3-9)^3}{(-3)^2}$$
$$= (-2)\times(-2) - \frac{(-6)\times(-6)\times(-6)}{(-3)\times(-3)}$$
$$= 4 \quad - \quad \frac{-24}{1}$$
$$= 4 \quad + 24$$
$$= 28$$

博士の愛したルートは平方根

　小川洋子さんの小説『博士の愛した数式』の中で、博士が家政婦の息子に「ルート」というあだ名を付けるシーンがありました。映画にもなって大変ヒットしましたから、ルートということばは多くの方におなじみではないでしょうか。でも、「平方根」と言い換えると、途端に遠い忘却の彼方の話みたいに聞こえますね。

いろいろな数の世界

平方とは2乗のこと。その根（ルート）⁉

つまり、「この数字はいったい何を2乗したものなのか？」というのが平方根の正体です。

$\sqrt{9}$とは？

これはすぐにわかると思います。2乗して9になるのは3ですね。「何を2乗したのか」「2乗して9になるのは何か」といった場合はそれだけではありません。－3も2乗すれば＋9になります。＋3と－3を、一気に±3と書くこともあります。ただし、$\sqrt{9}$はあくまでも正の数ですから、$\sqrt{9}$＝－3とはなりません。

$\sqrt{9}=3$
$(+3)^2=9$
$(-3)^2=9$

では、$\sqrt{9}$を2乗してみたらどうでしょうか。$\sqrt{9}$は2乗して9になる数。そんな数を実際に2乗するなら、9になるのが当然です。

考えすぎるとかえって混乱しますが、2乗して9になる数だというのだから、2乗すれば9になるのは当たり前というわけです。

$\sqrt{9} \times \sqrt{9} = 9$

これは、−9になんかなりませんから、ご注意を。なぜなら、符号は＋であろうが−であろうが、同じものを2乗すれば必ず＋になるのですから。

[練習16]
次の数を小さい順に並べよ。

$$1.25 \quad -\sqrt{6} \quad 1.4 \quad -\frac{8}{5} \quad \frac{\sqrt{2}}{2}$$

数の大小関係は、それぞれを2乗しても変わらない……というのは、それぞれの数が正の数である場合です。2つの数が負の数の場合は事情が違ってきますよ。

たとえば−5と−3では、数字だけ見れば5が大きい数ですが、「−」がついているので−3の方が−5より大きい数ですね。「数字だけ見れば5が大きい」というのは絶対値の話です。ところが、2乗すればこの「−」が「＋」になりますから、もともと大きい方だったはずの−3が、絶対値が小さいがために、2乗すると−5の2乗より小さいということになります。

そこで、正負が入り混じっている数について大小関係を考えるときは、まず正の数と負の数に分けてしまいます。

ここでは、$-\sqrt{6}$と$-\dfrac{8}{5}$がマイナスグループ、1.25、1.4、$\dfrac{\sqrt{2}}{2}$がプラスグループですから、次のようにグループごとに大小関係を調べます。

①マイナスグループの大小関係

$-\sqrt{6}$と$-\dfrac{8}{5}$をそれぞれ2乗すると

$(-\sqrt{6})^2 = 6$

$\left(-\dfrac{8}{5}\right)^2 = \dfrac{64}{25}$

$\dfrac{64}{25} < 6$ だから

$-\sqrt{6} < -\dfrac{8}{5}$

②プラスグループの大小関係

1.25、1.4、$\dfrac{\sqrt{2}}{2}$をそれぞれ2乗すると

$(1.25)^2 = 1.5625$

$(1.4)^2 = 1.96$

$\left(\dfrac{\sqrt{2}}{2}\right)^2 = \dfrac{2}{4} = \dfrac{1}{2}$

$\dfrac{1}{2} < 1.5625 < 1.96$ だから

$\dfrac{\sqrt{2}}{2} < 1.25 < 1.4$

①②から $-\sqrt{6} < -\dfrac{8}{5} < \dfrac{\sqrt{2}}{2} < 1.25 < 1.4$

イメージのパラレルワールド「虚数」

「同じものを2乗すれば必ず正の数になる」というのが、これまでの常識でした。でも、もしも、「2乗すれば負の数になる」ような数があるとしたら……。

そんな架空の世界が虚数の世界です。バーチャルワールドといいますか、パラレルワールドといいますか、もう、信じさえすれば存在する世界です。

日常生活で使う普通の数は、正の数であったり負の数であったり0であったり、あるいは分数だったり小数だったり、もしくは3.14……でおなじみの円周率や$\sqrt{}$を用いて表す平方根でした。それらは、数直線上のどこかに必ず存在する数、実数です。大きさ比べもできます。

けれども、虚数はこの世の数ではありませんから、大きさ比べどころかその実態も幽霊のようです。$\sqrt{-1}$はiとも表すのですが、見るからに幽霊ですね。ちなみに、iは「imaginary」の頭文字。虚数のことを、英語ではimaginaryというのです。「虚数」という表記よりも「imaginary」の方が、虚数の実態はイメージしやすいですね。

実数と虚数をひっくるめて複素数と言いますが、こうしたことを学校で初めて習うのは、高校生になってからです。幽霊のような数とはいえ、虚数を平面上の点として表す方法も

考えられており、実数と合わせてひとつの4次元空間モデルができあがっています。これは複素平面の話ですが、いまは高校でも教えていません。

このように、最小限の何らかの条件を決めるだけで、いままでは漠然としていた空想の世界がちょっと現実味を帯びたお話になってきます。ところが、このワクワクドキドキ感が中学校の数学ではほとんどないので、非常に残念です。練習問題をやり遂げたり難しい問題が解けたときの喜びはあるかもしれませんが、数学の本当の醍醐味は、ずいぶん先までおあずけなのです。

ですから「数学なんて受験のために仕方なくやっていたけれど、難しいばかりでちっともおもしろくなかった」などと言われるのもごもっとも。中学・高校生の頃になかなか興味が持てなかった数学も、大人になってべつの切り口から学んでみたら、けっこう楽しめるのではないでしょうか。

第3節 電卓の手には負えない落とし穴 たかが計算されど計算

半数以上の小学生が英語で読み書き。ただし……

こんなとき、どうしますか？

> スーパーマーケットAでは、卵1パック200円のところ、今日は半額セール。一方、スーパーマーケットBでは、いつもは4000円で売っているコシヒカリ1袋（10kg）が1割引だといいます。2軒のスーパーマーケットは離れたところにあるので、はしごをしないでどちらか一方で買い物をするとすれば、あなたならどちらへ行きますか。

「あなたならどちらへ？」と聞かれれば、家に卵やお米のストックがどれぐらいあるかによっても違ってくるでしょうが、卵1パックかコシヒカリ1袋か、この場合お得感があるのはどちらだと感じますか？

半額というと大きいですよね。でも、半額になるのはいつも200円の卵。金額でいえば100円だけのお得です。一方、1割引とはいえ、コシヒカリは4000円の1割ですから、400円もお得になります。こんなときは、単純に半分だから、1割

だから……というふうに割合だけでは判断できませんね。

　つまり、割合を考えるときは、もとの基準とするものが同じでないと、比べてみても無意味なことが多いのです。

　子どもはよく、「果汁30％のジュースと70％のジュースを混ぜたら100％になるの？」と真剣に考えていたりしますが、そんなはずはありませんね。この２つを混ぜたら実際には、30〜70％の濃度になります。30％のジュースを大量に混ぜれば30％に近くなり、70％のジュースにほんのすこし30％のジュースを混ぜるだけなら、70％に近くなるでしょう。

　分数を考える場合も、その分数が「何を分けているのか」をきちんと把握しておく必要があります。２つに分けるなら$\frac{2}{2}$が、３つに分けるなら$\frac{3}{3}$が、いったいどれだけの量なのか。この$\frac{2}{2}$と$\frac{3}{3}$が同じもので、同じ量であれば、比較したり、たしたりひいたりしても、それなりの意味が出てきます。

　よく、子どもは「みんな持っているから、私もほしいよ」というようなねだり方をしたりしますが、その「みんな」って誰と誰と誰？　というようなものです。たいていはクラスの全員ではなくて、せいぜい周りの友だち数人や、持っている友だちの名前ばかりを挙げて「みんな持っている」とするわけですね。ときどき新聞等でも「中学生の○割が〜」「小学生の３分の１が〜」といった見出しがありますが、その調

査がどんな中学生を対象にしたものか、そして何人分調べた結果の割合なのか、意識しながら読んだ方がよいでしょう。

割り算と分数はフェアプレーの精神で

12÷3＝4

この数式を利用するような文章題を作るとすると、いろいろできると思います。

①12kmの道のりを3時間かかって歩きました。1時間あたり何km歩いたでしょうか。
②おまんじゅうを12個いただいたので、3人で分けようと思います。1人あたり何個ずつになるでしょうか。
③お寿司屋さんが、12万円でマグロ3kgを仕入れてきました。1kgあたり何円だったのでしょうか。

それぞれ「1時間あたり」「1人あたり」「1kgあたり」ということで、言いかえれば、「単位量（1）」に対してどれだけなのかということを求めているのです。それが、割り算です。

上のおまんじゅうの問題を鉛筆に変えると「鉛筆を12本いただいたので、3人で分けようと思います」になり、1人4

本ずつというのはすぐにわかりますね。

これを「鉛筆1ダースをいただいた」として、1人何ダースの分け前になるかを考えるとどうでしょうか。あくまでも「ダース」という単位にこだわり、1ダースを3人で分けるという式を立てると、

$$1 \div 3 = \frac{1}{3}$$

となります。つまり、1人あたり $\frac{1}{3}$ ダースです。その後で「〜本」という単位にしたいなら、1ダースは12本でその $\frac{1}{3}$ ずつですから、

$$12(本) \times \frac{1}{3}(ダース) = 4(本)$$

1人あたり4本です。

こうして、割り算や分数を利用すると一人分の分け前を計算することができますが、気をつけたいのは「等分」することです。おまんじゅうを山分けするときに、お兄さんは大きいから6個で弟と妹は3個ずつ……というようなのは、3人で分けていても等しく分けているわけではありませんから、割り算や分数で計算するものではありません。等しい量ずつ分けるときに使うのが割り算や分数です。

割り算や分数は、何人で分けるかというときだけでなく、次のようなときにも使います。

①600gのジュースを200gずつ分けるとしたら、何人に分けられますか。
600÷200=3
②600gのジュースを150gずつ分けるとしたら、何人に分けられますか。
600÷150=4

　ここでも必ず等分に。だれにでも同じ分量ずつ分け合います。そして、分け前を少なくすればするほど大勢に行き渡るようになりますね。これは、分数の分母が小さいほどその分数の値が大きいということでもあります。

　分母がどんどん小さくなって1になったら……。ジュースを1gずつ分けるなんて非現実的ですが、理論上では600人に分けることができるのですね。
　600÷1を「1gずつ分ける」ではなくて「1人で分ける」と考えると、まるまる600gを独り占めできます。
600÷1=600

　さらに分母を小さくすると……。割り算でいえば、1より小さい数で割る場合です。割れば割るほど割った後の値が大きくなりますね。でも、ジュースは600gしかないのですか

ら、単純に数字だけで

  600÷0.1＝6000

として、「すごい！ ジュースが６リットル飲める!?」ということにはなりませんよ。

　ここまでの内容をまとめると、「割る数が小さくなればなるほど計算の値が大きくなり、１で割ると割られる数と同じになる。さらに割る数を小さくしていくと、計算の値は元の割られる数よりもどんどん大きくなっていく」ということになります。逆に割る数が大きくなれば、計算の値はどんどん小さくなりますね。ビスケットを割れば割るほど小さなかけらになり、やがては粉々になっていく。そんなイメージです。分数の分母が大きい場合に相当します。ただし、ビスケットのかけらは大きさがまちまちでしょうから、正確には割り算や分数で計算してしまえるものではありませんが。

　さて、割る数が大きい場合や小さい場合を考えてきましたが、小さいといえば、負の数で割る場合はどうでしょう。
　正の数を負の数で割るときは、計算結果も負の数で出てきます。割る数値が小さいほど計算値の絶対値は大きくなりますが、負の数の世界では絶対値が大きいほど小さい数です。「大きい・小さい」の関係は、０地点を越えたとたんに逆転し

ます。また、割られる数と割る数の両方が負の場合はさらに逆転を重ね、計算結果の数値は正の数の世界に戻ってきます。

では、ちょうど0で割るとどうなるのでしょうか？ 学校ではたいてい「0では割れません」と教えられます。でも、なぜ割れないのか、むりやり割ったらどうなるのか。

その謎は、章末のコラムでご説明しましょう。

通分と約分、どっちが好き？

通分や約分については小学校で習うのですが、それを計算の中でどんどん使うようになるのは中学校。数どうしの通分・約分だけでなく、文字の混じった式でも利用します。むしろ、文字式の中で利用する方が慣れれば扱いやすいかもしれません。

通分の方は、2つ以上の分数に対して行います。2つ以上の分数の大きさ比べをしたり、たし算、ひき算の計算をしたりするときに通分するのでしたね。一方、約分は、一つ一つの分数に対して行います。分母と分子がそれぞれ同じ数や文字で割り切れるとき、その数や文字で分母・分子を割ることができます。そうすれば、分数がよりシンプルになって扱いやすいのです。$\frac{2}{2}$でも$\frac{a}{a}$でも、分母と分子が同じであればその分数は1なので、こういうことが可能なのですね。

約分では分母・分子の数を簡単にしていけるのに対して、通分は、いったん分母・分子の数を大きくすることになります。その段階で「うわぁ〜」という気持ちになるものです。

そして、共通の分母をどんな数にすればよいのか。ここでさらに不安を抱えながら計算していくことになります。

[例1]
$$\frac{2}{3} + \frac{1}{2}$$

簡単な問題なら、分母どうしをかけ合わせた数が共通の分母になりますね。この場合は「6分の〜」という形にします。この「6」は、2つの分母の最小公倍数になっています。

$\frac{2}{3}$ の分母3は2倍することで6になりますから、分子も同様に2倍して $\frac{4}{6}$ です。$\frac{1}{2}$ の分母2は3倍することで6になるので、分子も同様に3倍して $\frac{3}{6}$ です。

$$\frac{2}{3} + \frac{1}{2}$$
$$= \frac{4}{6} + \frac{3}{6}$$
$$= \frac{7}{6}$$

となります。

[例2]
$$\frac{1}{6} + \frac{3}{4}$$

これも分母どうしをかけ合わせた24を共通分母として計算できますが、最後に約分をお忘れなく。

$$\frac{1}{6} + \frac{3}{4}$$
$$= \frac{4}{24} + \frac{18}{24}$$
$$= \frac{22}{24}$$
$$= \frac{11}{12}$$

　最後に約分ができるというのは、実は、初めに決めた共通分母が最小公倍数でなかった可能性が高いのです。
　「$\frac{1}{6} + \frac{3}{4}$」の分母の6と4はどちらも2で割れますね。こんなときは6×4＝24で通分してしまうよりも、どちらも2で割れるということから、6×4÷2＝12を共通分母にする方が、後の計算は楽になりますよ。

[例3]
$$\frac{7}{36} + \frac{5}{54}$$

　分母がこれぐらい大きな数になってくる場合には共通の約数（公約数）を見つけてスマートに計算する工夫をします。この例では、分母の36と54がどちらも2と3で割れるのに気づくと思います。2でも3でも割れるということは、どち

らも6で割れるに違いありません。そうすると、共通分母は36×54÷6=324。これでもまだ大きいですね。

もう少し観察すると、36と54は両方とも9で割れることに気づくでしょう。2でも9でも割れるのだから、共通分母は36×54÷18=108。それぞれの分母を108にするために、$\frac{7}{36}$ は分母・分子を3倍、$\frac{5}{54}$ は2倍しましょう。

$$\frac{7}{36} + \frac{5}{54}$$
$$= \frac{21}{108} + \frac{10}{108}$$
$$= \frac{31}{108}$$

となります。

公約数を見つけるときは、できるだけ最大公約数を見つけた方がお得です。実は、2つの数を単純にかけ合わせた数は、その「最大公約数×最小公倍数」と同じ値になるのです。

[例4]
$$\frac{1}{2} + \frac{3}{4} - \frac{5}{12}$$

分母がさほど大きな数でなくても、このようにいくつもの分数を足したり引いたりするときは、油断していると分母がすぐに大きくなってしまいます。

あわてて計算を始める前に、分母の2、4、12をちょっと

観察しましょう。2と4はどちらも2で割れるので、共通分母は4。4と12はどちらも4で割れるので、共通分母は12です。

$$\frac{1}{2} + \frac{3}{4} - \frac{5}{12}$$
$$= \frac{6}{12} + \frac{9}{12} - \frac{5}{12}$$
$$= \frac{10}{12}$$
$$= \frac{5}{6}$$

初めの共通分母を上手に決めても、最後に約分できる場合もありますよ！

素因数は数の部品

「このシチューの材料は、ジャガイモ3個、タマネギ1個、ブロッコリー1個、ニンジン2本、牛肉300ｇ」「今年の子ども会は、幼児5名、小学校低学年8名、高学年3名、中学生4名」「直方体模型の骨組みは、頂点として使う粘土の丸玉8個と短い方の辺として使うマッチ棒8本、そして長い方の辺として使う割り箸4本でできている」

こんなふうに、「あるものが何によって構成されているか」を考えることがあります。

素因数分解は、ある数がどんな素数を何回かけ合わせてで

きているかを調べることです。教科書などでは「自然数を素因数の積に分解すること」と書かれていたりしますが、では「素因数って何？」ということになりますね。

素因数とは素数の約数です。というと、これまた、たらい回しにされている気分。「素数」については後ほど述べますので、いまは1が素数でないということだけ豆知識として知っておいてください。素数は、これ以上何かの数で割って小さくなるということのない数です。小さいものでは2や3など。大きいものでは104729などなど。もっと大きな素数もいくらでもありますよ。

それでは、素因数分解の例をいくつかあげます。

$4=2^2$　　$6=2\times3$　　$8=2^3$
$9=3^2$　　$10=2\times5$　　$12=2^2\times3$　……

6は2と3でできているし、8は3つの2でできている。そんな感じですね。

ところで、実際にはどのような作業をすれば素因数分解ができるのでしょうか。

初めは2で割り切れるかどうか。割り切れるなら何回2で割れるのか。次に3で割れるか。4で割れるものは2^2で割れるということになるので、次は5。6で割れるとは2で割れて

かつ3で割れることなので、次は7ではどうか……。

こんなふうに順番に調べていって、小さな数字（素因数）の積の形で書き表します。頭の中で考えていくのは大変なので、通常、次のように書きながら素因数分解をしていきます。

①600を素因数分解する場合

```
まず2で割る→ 2)600
また2で割る→ 2)300  ←2で割ると
まだ2で    2)150
割れる→    3) 75
           5) 25
           5)  5
              1  ←1になったらゴール！
```

まとめると
$$600 = 2^3 \times 3 \times 5^2$$
になります。

② a^2bc^3の素因数分解もどき

ただし、a、b、cは素数で$a>b>c$

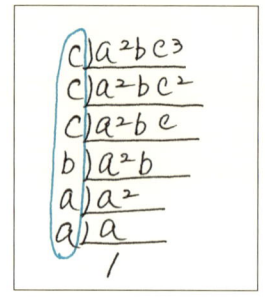

```
c ) a²b c³
c ) a²b c²
c ) a²b c
b ) a²b
a ) a²
a ) a
    1
```

まとめると

$a^2bc^3 = a^2 \times b \times c^3 = a \times a \times b \times c \times c \times c$

になります。

　これらの部品（素数）や部品どうしをかけ合わせたものが約数だと考えられます。そうすると、②の約数は、次の24通りになります。

＊1次の場合

　a　　b　　c

＊2次の場合

　$a \times a$　　$a \times b$　　$a \times c$　　$b \times c$　　$c \times c$

＊3次の場合

　$a \times a \times b$　　$a \times a \times c$　　$a \times b \times c$　　$a \times c \times c$

　$b \times c \times c$　　$c \times c \times c$

＊4次の場合

　$a \times a \times b \times c$　　$a \times b \times c \times c$　　$b \times c \times c \times c$

　$a \times c \times c \times c$　　$a \times a \times c \times c$

＊5次の場合

　$a \times b \times c \times c \times c$　　$a \times a \times c \times c \times c$

　$a \times a \times b \times c \times c$

そして、最後にこれもお忘れなく。

$a \times a \times b \times c \times c \times c$　　1

その数そのものと1は、いつでも必ず約数です。ですから、どんな数でも必ず2つは約数があることになりますね。

②は、$a=5$、$b=3$、$c=2$とすれば600になりますから、これを利用すると①の約数は次のようになります。

＊1次の場合

　5　　3　　2

＊2次の場合

　5×5＝25　　5×3＝15　　5×2＝10

　3×2＝6　　2×2＝4

＊3次の場合

　5×5×3＝75　　5×5×2＝50　　5×3×2＝30

　5×2×2＝20　　3×2×2＝12　　2×2×2＝8

＊4次の場合

5×5×3×2=150　　　5×3×2×2=60
3×2×2×2=24　　　5×2×2×2=40
5×5×2×2=100

＊5次の場合

5×3×2×2×2=120　　5×5×2×2×2=200
5×5×3×2×2=300

そして最後にあと2つ。

5×5×3×2×2×2=600　　1

GCMとLCM

何年か前に『GTO』というコミックが流行りました。ドラマにもなったので、ご存じの方も多いでしょう。それでGCMだのLCMだのと書くと何か期待されそうですが、GCMは最大公約数、LCMは最小公倍数のことです。GTOが「Great Teacher Onizuka」の略であったように、GCMは「Greatest Common Measure」、LCMは「Least Common Multiple」の略です。この英語は覚えなくてもいいですよ。LCMが最小公倍数のことだと知っていたら、後でほんの少しだけ便利なことがあるというぐらいです。

[最大公約数]

 通分の際に体験したと思いますが、2つ以上の数について約数を調べると、それらの数が共通の約数からできていることが少なくありません。その共通の約数を公約数とし、その中でも最も大きいものを最大公約数とします。

 問題は、その最大公約数の求め方です。

 450と600の最大公約数を考えるとしましょう。それぞれを素因数分解すると次のようになります。

 450＝5×5×3×3×2

 600＝5×5×3×2×2×2

 見くらべると、450の方は3が1つ多く、600の方は2が2つ多いでしょう。また、5が2つ、3と2は1つずつ共通しています。この共通している約数をかけ合わせたものが最大公約数です。この場合は、5×5×3×2＝150で、これが450と600の最大公約数になっています。

 素因数分解に似ていますが、最大公約数を割り出す作業は次のように行います。

[最小公倍数]

最小公倍数がすぐに求められれば、通分は楽になります。また、通分で最適な共通分母（最小公倍数）を調べるときは、分母どうしをかけ合わせた後に、その数を公約数（できれば最大公約数）で割っていましたね。

実は、2つの数と最大公約数、最小公倍数の関係は、下の図のようになります。

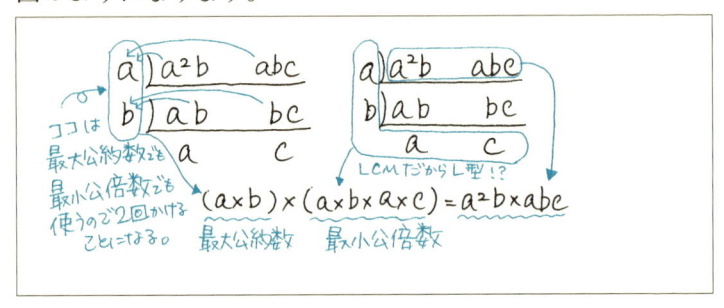

```
  a ) a²b   abc          a ) a²b   abc
  b )  ab    bc          b )  ab    bc
       a     c                a     c
ココは
最大公約数でも
最小公倍数でも
使うので2回かける       (a×b)×(a×b×a×c) = a²b×abc
ことになる。             最大公約数  最小公倍数
                              LCMだからL型!?
```

具体的な数の場合は次のようになります。

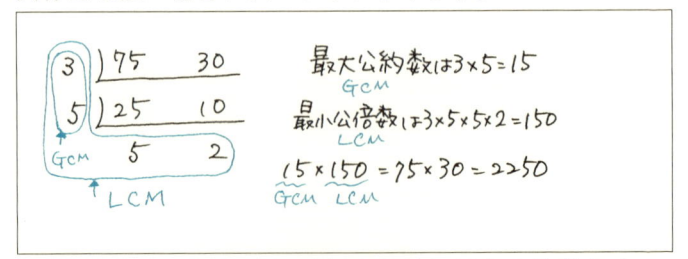

```
  3 ) 75   30         最大公約数は 3×5 = 15
  5 ) 25   10                    GCM
       5    2         最小公倍数は 3×5×5×2 = 150
  GCM                              LCM
       ↑LCM           15 × 150 = 75 × 30 = 2250
                      GCM  LCM
```

また、3つ以上の数の最大公約数と最小公倍数を求めるときは、次の例のように注意が必要です。

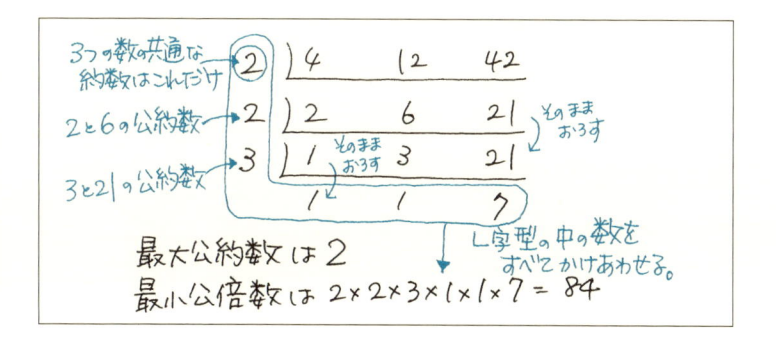

```
                    ┌ 2 ) 4    12    42
3つの数の共通な      │ 2 ) 2    6     21   そのまま
約数はこんだけ      │ 3 ) 1    3     21   おろす
2と6の公約数        │        そのまま
3と21の公約数       └        おろす
                          1    1     7
```

最大公約数は 2
最小公倍数は 2×2×3×1×1×7 = 84

L字型の中の数を すべてかけあわせる。

ただものではない素数の素性

さて、そろそろ素数の素性を明かすのによい頃合いとなりました。

ずばり素数とは、約数が1とその数自身の2つだけで、それ以外に約数をもたない自然数のことです。ただし、1は約数が1つしかないので素数ではありません。

1だけは特別ですが、それ以外の自然数は、必ず1で割り切れ、その数自身でも割り切れますね。数によってはほかにもいくつかの約数が見つかりますし、どんな数でも必ず2つは約数をもちます。逆にいえば2つしか約数をもたない数、それが素数なのです。ですから、素数でない数は、素因数分解をしたときにいくつかの数の積や累乗の形で表せますが、素数は「×」の記号を使いません。2は2でしかなく「1×2」とは書かないのです。3は3、5は5です。

大きな素数として、素因数分解のところで104729を紹介しましたが、これは10000番目の素数です。自然数を1から順に調べていくと、素数が思ったより頻繁に存在していると感じるか、たいして出てこないと感じるかは人それぞれですね。そういう議論のために「素数定理」という、素数の濃度について述べた定理も存在しています。

　よく、記念館などで「祝！10000人目」のようなお祝いをしていたり、ホームページやブログを開設している人が、アクセスカウントのキリ番や語呂合わせ番号で「おめでとう！」「ありがとう！」とやっていることもあります。キリの良い番号は喜ばれたり珍しがられたりしますが、どうということはありません。気持ちの問題でしょう。ホームページなどにアクセスカウントをつけているなら、キリ番ではなく「素数番ゲット！」を祝福してはいかがでしょう。世の中には、素数に出会うと嬉しくなる素数マニアもいるので、そういう人と友だちになれるかも。やり始めてみると、予想以上に素数が頻繁に出てくる気がしますよ。

　素数については、古来、多くの有名な数学者が時間を費やして理論を発展させてきました。「何番目の素数がこれ！」と簡単に出てくるような公式を、いろいろな数学者が発明しています。素数に関する未解決の問題もたくさんあります。それぐらいに、素数というのは奥の深いものなのです。

【ノート】主な用語を押さえておこう

* **正の数**：0より大きい数
* **負の数**：0より小さい数（「−」をつけて表す）

   0は正の数でも負の数でもない

* **逆数**：ある数を2つかけあわせて1になれば、その2つの数は互いに逆数
* **累乗**：同じ数をいくつかかけたもの
* **指数**：数を累乗の形で書き表すとき、その数の右上に何回かけているかを小さい文字で表す。この数が指数
* **平方**：2乗のこと

   平方根：たとえば、2乗するとaになる数はaの平方根

* **立方**：3乗のこと

   立方根：たとえば、3乗するとaになる数はaの立方根

* **自然数**：正の整数（1、2、3……）

   0は含まない

* **整数**：自然数と、0と、負の符号をつけた自然数

   （……−3、−2、−1、0、1、2、3……）

* **有理数**：分母も分子も整数である分数の形で表せる数。整数も分母が1の分数で表せるので有理数に含まれる
* **無理数**：小数点以下の位の数が無限に続く数で、分数の形では表せない数

いろいろな数の世界

* **実数**：有理数（整数を含む）と無理数
* **虚数**：2乗すると負の数になる数。または（実数＋2乗すると負の数になる数）の形で表される数
* **複素数**：実数と虚数
* **素数**：約数が1とその数自身の2つだけで、それ以外に約数をもたない自然数

1は約数が1つしかないので素数ではない

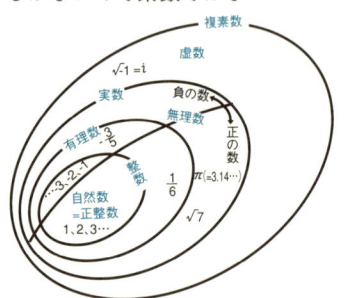

有理化：分母に√を含む式を、分母に√を含まない式にすること

[有理化の例]

① $\dfrac{1}{\sqrt{2}} = \dfrac{1}{\sqrt{2}} \times \dfrac{\sqrt{2}}{\sqrt{2}} = \dfrac{\sqrt{2}}{(\sqrt{2})^2} = \dfrac{\sqrt{2}}{2}$ $\dfrac{\sqrt{2}}{\sqrt{2}} = 1$

② $\dfrac{2}{\sqrt{6}} = \dfrac{2}{\sqrt{6}} \times \dfrac{\sqrt{6}}{\sqrt{6}} = \dfrac{2\sqrt{6}}{(\sqrt{6})^2} = \dfrac{2\sqrt{6}}{6_3} = \dfrac{\sqrt{6}}{3}$ $\dfrac{\sqrt{6}}{\sqrt{6}} = 1$

もしも0で割ったなら

「0で割ってはいけません」「分数の分母は0にはなりません」

数学の時間に、このように言われたことはありませんか？ なぜかと問いただしても、「とにかく割っちゃいけないと覚えておきなさい」と、まるで禁句扱いにされていたことが多いのではないでしょうか。おそらく、小・中学生の頭では、まだその理由がきちんと理解できないと判断されたのでしょう。

そうして、この疑問自体をすっかり忘れてしまったまま、私たちは大人になってしまいました。さあ、いまこそ封印が解かれるときです。

なぜ、0で割ってはいけないのでしょうか。

分数の割り算では、割る数の逆数をかけました。分数でなくても、割り算はすべて逆数をかける作業になっています。

たとえば$6÷3$であれば、3を$\frac{3}{1}$と見て逆数は$\frac{1}{3}$。
$6÷3=6×\frac{1}{3}=\frac{6}{3}=\frac{2}{1}=2$と考えられます。
同様に、0で割るときも0の逆数をかけてみましょう。
$6÷0=6×\frac{1}{0}=\frac{6}{0}=$？？？

逆数の意味をまとめると、「ある分数を2つかけあわ

せたとき1になれば、その2つの分数は互いに逆数の関係」となります。逆数とは、そういうものだと定められているのです。

0×?＝1

この式からもわかるとおり、0とかけ合わせて1になるような相手はいません。つまり、0の逆数は存在しないことになります。

ちなみに、0で割ってはいけないのですから、分数の分母が0になることもありません。

それでもむりやり0で割ってみたら……？

割ってはいけないなどと禁止ばかりされていますが、実際に割ってみたらどうなるのでしょう？　0なんて、案外簡単に計算できそうなイメージがありますからね。

a÷b＝cのとき、a＝b×cですね。
同様にすれば、たとえば
6÷0＝?のとき、6＝0×?

いったい0と何をかけたら6になるというのでしょうか。どうあがいても、適切な値は存在し得ませんね。

さらに、6の代わりに割られる数を0にしてみましょう。

0÷0＝?のとき、0＝0×?

この場合、「?」はどんな値でもよいわけです。「?」に

相当する値は無数にあり、何か唯一の値として定めることができません。

　これで、どうやら0で割っても仕方がないらしいということがわかってきました。でも、ちょうど0だといけないけれど、0でさえなければよいのですから、「かぎりなく0に近い数」ならば許されるはずです。
　そこで、
　6÷（かぎりなく0に近い正の数）
　この結果を想像してみると、数直線の正の方向のはるかかなた、とてつもなく大きく無限大に近い数が予測されます。
　そして、
　6÷（かぎりなく0に近い負の数）
　こちらは、数直線の負の方向のはるかかなた、無限大は無限大でも、負の無限大に近い数が予測されます。
　割る数が負の数から正の数に変わる瞬間（割る数が0のとき）には、計算結果が「無限大」から「負の無限大」へとワープしなくてはなりません。ワープの真っ最中でお取り込み中というわけです。

0というと、とかく私たちは「何もない」というイメージを強くもちます。でも、「0が0」ではなく「0が1」や「0が2」ということもあるのです。
たとえば次のような虫歯調査結果をどう思いますか。
　　虫歯が3本以上の人……2
　　虫歯が2本の人…………4
　　虫歯が1本の人…………7
　　虫歯が0本の人…………

0本の人のところにデータがありません。これは、0人だと考えてよいのでしょうか。虫歯0本の人が0人であれば、ふつうは次のように書きますね。
　　虫歯が0本の人…………0

また、虫歯0本の人が1人であれば、
　　虫歯が0本の人…………1

「0が1」とはこういうことです。
同じ0でもそれぞれの意味があるのですから、計算の中に0が出てきたら何でも0だと思い込まずに、その0の意味をきちんと考えておく必要があります。

3章

まほうの方程式・不等式

いよいよ大詰め、方程式です。

　数学が好きな人の多くは「正解したら嬉しいから」「答えがたった1つだから」とおっしゃいます。けれども、数学の本当の魅力はそれだけではないのです。

　方程式のxがどんな値であるかどうかは、意外と単純な操作で求められます。項をあちらこちらに移動させたり、係数の逆数をかける。基本的にはこれだけです。この章では、さらに方程式の解き方のメカニズムを確認し、「$x=$〜」だけでなく「$y=$〜」や「$a=$〜」などのヴァリエーションに挑戦します。また、連立方程式や不等式を解いてみることで、解答のしかたのヴァリエーションも体験します。

　こうして式の変形に慣れてきたら、次は文章題です。ただ解くという作業に終始しがちだった方程式が、これでやっと使える道具になります。文章題から組み立てられる式の形はたった1つとは限らず、つまり取り組む人の個性が表れると

ころです。

　普通の中学校の教科書ですと、一次方程式の単元では一次方程式を使う文章題、連立方程式の単元では連立方程式を使う文章題が添えられていますね。この章の文章題はそのような子どもだましのような取り上げ方ではなく、目の前にある課題に対してどんな方程式が似つかわしいかどうか、それを判断するセンスを身につけるべく、いくつかの問題を取りそろえました。

　さらに、次へのステップとして二次方程式についても触れてみました。ちょっと複雑な式の変形も出てきますが、デモンストレーションとして眺めるだけでもよろしいです。

　少し見ただけではなかなか意味がわかりづらい部分もあるでしょうが、もつれた糸をほぐすように、その部分を繰り返して読んでみてください。そのうちにきっと霧が晴れてくるはずです。

第1節 未来をば方程式にするだけで解けるようなら占いいらず

むかし取った杵づか！？　一次方程式

　数学で避けて通れないのが方程式。べつに避けたいほどではないとは思いますが、基本問題ならおもしろいほどできるのに、ちょっと複雑になるとどこかでミスしてしまうものです。そこで、方程式の解き方のルールをざっとおさらいし、複雑な方程式の分解の手順とコツを見ていきましょう。

　ちょっとその前に、きっちりしておきたいことがあります。というのは「方程式ってなに？」ということなんです。その定義は一応どの教科書にも載っていますが、方程式を解くことに夢中で、言葉の意味をはっきり認識しないまま学校を卒業してしまった方は多いのではないでしょうか。

　方程式とは、式に含まれている文字がどんな値を取るかによって、成り立ったり成り立たなかったりする等式のことです。等式が成り立つのは、等号（＝）の両側（左辺と右辺）の値が等しい場合ですから、適切な値を求めれば方程式は成り立ちますし、求めた値が適切でなければ成り立ちません。方程式が成り立つ場合の値をその方程式の「解」といい、解を求めることを「方程式を解く」というのです。そして、一

次方程式では多くの場合、求めるべき未知数として x が使われます。

【方程式を解くときの基本ルール】

① 等式を最終的には「$x=\sim$」の形にすることが目標。
② x をふくむ項を、等式の左側か右側かのどちらかにまとめる。
③ 等号（＝）を飛び越えて項を移動（移項）させる場合は符号を変える。
④ x に係数があるときは、係数の逆数を両辺にかける（係数で割る）。
⑤ 分数は早めに分母を払う。

[練習1] 基本ルール③参照

$$x + 3 = 5$$
$$x = 5 - 3$$
$$x = 2$$

符号は＋から－へ

x や3などの一つ一つの項は、ご近所どうしだと思ってください。そして、x をふくまない項は、等式の左の x 町（左辺）から右の町（右辺）へどんどん引っ越していきます。心機一転、引っ越した先では符号が変わっています。

[練習2] 基本ルール②参照

$$4x - 2 = 3x + 1$$
+から-へ　　-から+へ
$$4x - 3x = +1 + 2$$
$$x = 3$$

　xをふくむ項は、とにかく左辺のx町に越してきます。xをふくまない項は右辺へ。反対側へ引っ越すときに、必ず符号が変わります。

[練習3] 基本ルール④参照

$$2x + 1 = 4x + 7$$
$$2x - 4x = 7 - 1$$
$$-2x = 6$$
$$-2x \times \left(-\frac{1}{2}\right) = 6 \times \left(-\frac{1}{2}\right)$$

↑　　　　　　↑
xの係数−2の逆数を両辺にかける

または、$\dfrac{-2x}{-2} = \dfrac{6}{-2}$　　xの係数−2で両辺を割る

$$x = -3$$

　それぞれの項を整理してまとめると、左辺のxに係数−2

が残っています。そこで、両辺に逆数$-\frac{1}{2}$をかけると左辺はxだけになります。

　係数が整数のときは、逆数をかけるというより、右辺をその係数で割ると考えた方がわかりやすいですね。

[練習4] 基本ルール④参照

$\frac{1}{2}x - 5 = \frac{1}{3}x + 2$

$\frac{1}{2}x - \frac{1}{3}x = 2 + 5$

↙ 通分

$\frac{3}{6}x - \frac{2}{6}x = 7$

$\frac{1}{6}x = 7$

　　　　$\frac{1}{6}$の逆数 $\frac{6}{1}$ を両辺にかけると

$\frac{1}{6}x \times \frac{6}{1} = 7 \times \frac{6}{1}$

$x = 42$

　文字式では割り算は分数で表していますから、その分数が係数ということになります。係数に逆数をかけると覚えておくと、分数が係数の場合でも簡単にxだけを残すことができますね。

まほうの方程式・不等式

[練習5] 基本ルール⑤参照

$$\frac{4x+1}{3} = \frac{x}{2} + 2$$

分母の3と2をなんとかしたい！
そこで、最小公倍数6を両辺にかける

$$\frac{4x+1}{3} \times 6 = \left(\frac{x}{2} + 2\right) \times 6$$

分配法則

$$(4x+1) \times 2 = \left(\frac{x}{2} + 2\right) \times 6$$

$$8x + 2 = 3x + 12$$

$$8x - 3x = 12 - 2$$

$$5x = 10$$

$$x = 2$$

　方程式をむずかしく見せるものは、なんといってもこの分数形式でしょう。だからさっさと払ってしまいます。いいかえれば、方程式はわずらわしい分数を払ってしまえるところが楽なんです。ただし、単純に分母を取ってしまえばよいわけではないのでご注意！

　分母の3を取るためには3倍。ついでに右辺の分母2も取りたい。ということは、3と2の最小公倍数6が最適。というわけで、どの項をも6倍することをお忘れなく。

[練習6]

$$\frac{1}{2}(3+0.2x) - \frac{1}{3}(2x+3) = -1.2$$

（各項 ×6）

まず、分数をなくすために6倍

$$3(3+0.2x) - 2(2x+3) = -7.2$$

$$9 + 0.6x - 4x - 6 = -7.2$$

次に小数をなくそう！ 10倍が手っとりばやいけど 今回は5倍でOK！（各項 ×5）

$$45 + 3x - 20x - 30 = -36$$
$$-17x = -51$$
$$x = 3$$

今度は小数もまじっています。これも分数と同じように、小数の形をなくしてしまいましょう。10倍、あるいは100倍。ちょっと大きな数になってしまいますが、余裕があるときはちょっと観察しましょう。2倍や5倍で小数が解消されることもありますよ。

[練習7]

$$\frac{6(x+1)}{6} = \frac{12}{6}$$

かっこをはずす前に両辺に $\frac{1}{6}$ をかけてしまおう。

$$x + 1 = 2$$
$$x = 1$$

まほうの方程式・不等式

係数6。これはxの係数ではなく$(x+1)$の係数です。ですから、先に両辺に$\frac{1}{6}$をかけて(両辺を6で割って)係数を処理してから、+1を右辺へ移項します。

[練習8]

$$\frac{5(\frac{1}{2}x + \frac{1}{3}x)}{5} = \frac{25}{5}$$

両辺を5でわって

$$\frac{1}{2}x + \frac{1}{3}x = 5$$

両辺に6をかけると通分不要!

$$(\frac{1}{2}x + \frac{1}{3}x) \times 6 = 5 \times 6$$
$$3x + 2x = 30$$
$$5x = 30$$
$$x = 6$$

かっこを外すのはちょっと待って。最初に両辺を5で割れば、少しシンプルになりますよ。

[練習9]

$$-36 = x - 48$$

民族大移動!?

$$x - 48 = -36$$
$$x = -36 + 48$$
$$x = 12$$

ルールにそって、とにかくxのある項は左辺、それ以外は右辺と分類から始めてもよいのですが、一気に左右交換してしまうとずっと楽です。先に移項してしまうとxの前に「－」がついてしまって、それはそれで面倒な予感ですから。

[練習10]

$$5x - 3\left(x - \frac{1-3x}{2}\right) = \frac{x-1}{2}$$

分配法則でかっこをはずす。
符号に注意！

$$5x - 3x + \frac{3(1-3x)}{2} = \frac{x-1}{2}$$

両辺を2倍

$$10x - 6x + 3(1-3x) = x - 1$$

$$10x - 6x + 3 - 9x = x - 1$$

$$10x - 6x - 9x - x = -1 - 3$$

$$-6x = -4$$

$$x = \frac{2}{3}$$

式変形の魂は天秤のこころ

　まずは形からというわけで、方程式の解き方をざっと復習してきました。解を求めている最中は、なぜその方法で求められるのかについては何も考えていなかったと思います。た

まほうの方程式・不等式

だルール通りに、左辺に x が一つだけ残るように操作を進めていきました。

そこで、移項を繰り返したり分母を払ったりすることの意味を、ここできちんと押さえておきたいと思います。

方程式は等式でした。よく天秤にたとえられたりしますが、等号の左右の値が同じだということが基本です。必要に応じてなにかをたしてやるなら、左辺にも右辺にも同じように同じ数をたすなり、ひくなり、かけるなり、割るなりして、天秤がどちらかに傾かないようにするのです。

たす、ひく、かける、割る、の選択は、いつでも左辺に x が一つだけ残るよう、周囲の項や係数を処理していく方向で決定します。

その様子を、先ほどの練習 1 から練習 4 について詳しく見てみましょう。

[練習 1']

$$x + 3 = 5$$
　　　両辺から 3 をひこう
$$\underline{x + 3 - 3}_{0} = \underline{5 - 3}_{2}$$
$$x = 2$$

[練習2']

$$4x - 2 = 3x + 1$$

両辺に2をたそう　両辺から3xをひこう

$$4x - 2 \boxed{+2} \boxed{-3x} = 3x \boxed{-3x} + 1 \boxed{+2}$$
$$4x - 3x = 1 + 2$$
$$x = 3$$

[練習3']

$$2x + 1 = 4x + 7$$
$$2x + 1 \boxed{-1} \boxed{-4x} = 4x \boxed{-4x} + 7 \boxed{-1}$$
$$\frac{-2x}{-2} = \frac{6}{-2}$$
$$x = -3$$

[練習4']

$$\tfrac{1}{2}x - 5 = \tfrac{1}{3}x + 2$$
$$\tfrac{1}{2}x - 5 \boxed{+5} \boxed{-\tfrac{1}{3}x} = \tfrac{1}{3}x \boxed{-\tfrac{1}{3}x} + 2 \boxed{+5}$$
$$\tfrac{1}{2}x - \tfrac{1}{3}x = 2 + 5$$
$$\tfrac{1}{6}x \times \tfrac{6}{1} = 7 \times \tfrac{6}{1}$$
$$x = 42$$

まほうの方程式・不等式

[練習11]

方程式の天秤理論に慣れてきたら、次の等式を[ ]内の文字について解いてみましょう。

(1) $3x - 4y = 12$　　[y]
(2) $x = \dfrac{2a + 3b}{5}$　　[a]

等式をyについて解くとは、「$y = \sim$」の形に変形していくことです。これまで練習してきた方程式は、等式をxについて解いてきましたね。

文字が変わっても式の操作方法は同じです。どの文字について解いていくのかを最後まで見失わないようにしましょう。

---

(1) $3x - 4y = 12$
　　　$-4y = -3x + 12$　　〔yをふくむ項だけ左辺に残す。〕
　　　　　　　　　　　　両辺に$\dfrac{1}{-4}$をかける
　　$-4y \times \dfrac{1}{-4} = (-3x + 12) \times \dfrac{1}{-4}$
　　　　　$y = \dfrac{3}{4}x - 3$

(2) $x = \dfrac{2a + 3b}{5}$
　　$\dfrac{2a + 3b}{5} = x$　　〔aについて解くので、aをふくむ項を左辺へ... このまま左辺と右辺を入れかえる〕
　　　　両辺を5倍
　　$2a + 3b = 5x$
　　$2a = 5x - 3b$　左辺にaをふくむ項だけ残す.
　　$a = \dfrac{5x - 3b}{2}$　　または　　$a = \dfrac{5}{2}x - \dfrac{3}{2}b$　〔どちらでもOK〕

ここでいきなりですが、文字式の計算をしてみてください。

[練習12]

$\dfrac{x}{4} - \dfrac{x}{2}$

[練習13]

$\dfrac{1}{2}x + \dfrac{1}{3}y - \dfrac{3x+y}{3}$

このように計算しませんでしたか。

[練習12]の誤答例

$\dfrac{x}{4} - \dfrac{x}{2}$　　　　分母をはらっていいの？

$= x - 2x$

$= -x$

[練習13]の誤答例

$\dfrac{1}{2}x + \dfrac{1}{3}y - \dfrac{3x+y}{3}$　　　6倍して……？

$= 3x + 2y - 2(3x+y)$

$= 3x + 2y - 6x - 2y$

$= -3x$　　←　6倍したまま……

　方程式ですっかり分母を払うくせがついてしまうと、文字式の計算まで分母を払ってしまいがちです。けれども、文字式の計算は等号の左右でバランスをとらせているわけではありません。勝手に何倍かしてしまったら、数式そのものの価

値が変わってしまうのです。

　ものの重さを天秤で量るのであれば、地球で量っても重力の違う月で量っても同じ結果が出ます。一方、普通のはかりで質量を量る場合は、地球で量るのと月で量るのとでは示される数値が違ってしまいます。

　方程式は天秤、文字式の計算は普通のはかりを使っているようなもの。正しくは次のようになります。

[練習12]の解答

$$\frac{x}{4} - \frac{x}{2}$$
$$= \frac{x - 2x}{4}$$
$$= \frac{-x}{4}$$

[練習13]の解答

$$\frac{1}{2}x + \frac{1}{3}y - \frac{3x+y}{3}$$
$$= \frac{3}{6}x + \frac{2}{6}y - \frac{2(3x+y)}{6}$$
$$= \frac{3x + 2y - 6x - 2y}{6}$$
$$= \frac{-3x}{6}$$
$$= -\frac{1}{2}x$$

いろいろな式の作り方

[例1]

> ある夫人は、自分の年齢を少し若く偽っています。どうやら実際の年齢の10の位と1の位を入れ替えて、9歳も若く自己申告しているらしいのです。それでも違和感がないのですが、この夫人の実際の年齢は何歳なのでしょうか。

年齢を知りたいのだから年齢をxとおきたいところですが、ここでは、その数を10の位と1の位に分解して操作しています。ですから、それぞれの位をべつべつに未知数として文字におきかえる必要があります。では、2桁の数というのは、いったいどのように文字で表したらよいのでしょうか。

たとえば58。5と8がただ並べてあるだけですが、こういうときは5が10の位であることをわたしたちは知っています。「5と8」ではなく、条件反射的に5を10倍して「ごじゅうはち」と認識しているはずです。けれどもそれぞれの位の数を文字で置き換えたときは、位に応じて10倍、100倍……としてやらなければなりません。たとえば、10の位をa、1の位をbとして、2桁の数を「ab」と書いて「えいじゅうびー」といっていても、べつの人が見たら「$a \times b$のことかな？」と無用の誤解が生じてしまいます。

そこで、実際の年齢の10の位をa、1の位をbとすると、夫人の実際の年齢は

$10a+b$

偽っているときの年齢は

$10b+a$

これが9だけ少ないわけだから、

$10a+b=10b+a+9$

これを整理すると、

$10a-a+b-10b=9$

$9a-9b=9$

両辺を9で割って

$a-b=1$

これはどういうことかというと、aが10の位の数ですから、$a=2$なら$b=1$。つまり、その夫人が30代であれば32歳で、人にはサバを読んで23歳だと自称しているわけです。40代であれば実際の年齢が43歳、自称34歳。50代なら54歳で自称45歳。このあたりならありそうな話ですね。でも、20代で自称12歳だというのはちょっと無理があるでしょう。また、60代で65歳だから自称56歳というのも、このぐらいの素敵世代にもなれば、むしろ自分の年齢にそろそろ自尊心をもっていただきたいお年頃です。

[例2]

> 小学校高学年の女の子。同じ小学校に通う妹と中学生の兄がいて、3人とも年子（年齢が1つ違い）なのだそうです。そして、3人の年齢をたし合わせると、ちょうどお母さんの年齢と同じになります。このとき、このお母さんの年齢は何歳でしょうか。

これは、子どもの年齢を連続する3つの整数として文字で表すことを考えます。女の子の年齢をxとすれば、妹の年齢は$(x-1)$歳、兄は$(x+1)$歳と表せますね。妹の年齢をxにして、順に$(x+1)$歳、$(x+2)$歳と表していく方法もありますが、真ん中の数をxとする方が、計算が楽になることが多いですよ。

こうすると、3人の年齢の和は

$(x-1)+x+(x+1)=3x$

となります。一つ違いの兄が中学生で女の子が小学生なのですから、おそらく6年生。お母さんは36歳なんでしょうね。

[例3]

例2の問題で、3人が年子ではなくて2つ違いだったとしたらどうでしょうか。今度は、単に連続する3つの整数ではなく、連続する偶数、または連続する奇数になりますね。

偶数は2の倍数ですから、よく2nと表されます。このnはnatural number（自然数）のnです。自然数は1、2、3……なので、n＝1のときは2nは2、n＝2のときは4、n＝3のときは6……のようになります。

それに対して、奇数は常に偶数と1つ違いの数として表されます。偶数2、4、6……を1、3、5……とずらしたいときは、偶数から1をひいてやればいいですね。そこで、奇数は2n－1と表されます。

というわけで、年齢が2つ違いの3人の場合、真ん中の女の子の年齢が偶数であれば、2n歳、妹は2（n－1）歳、兄は2（n+1）歳となります。それぞれをたし合わせると、2（n－1）＋2n＋2（n+1）＝6nとなります。

女の子の年齢が奇数のときは、nの代わりに、（n－1）または（n+1）として、妹の年齢から順に2（n－1）－1、2n－1、2（n+1）－1となります。

【nを使って連続する3つの数を表す場合】

①連続する3つの整数
n－1　　n　　n＋1

②連続する3つの偶数
2（n－1）　　2n　　2（n＋1）

③連続する3つの奇数
2（n－1）－1　　2n－1　　2（n＋1）－1

[例4]

そろそろ年齢の話はもういい加減にして、最後に数学らしく割り算の話をしましょうか。割り算の様子を文字で表すとどうなるでしょうか。

いきなり文字に置き換える前に、割り算がどんなものだったかを言葉でおさらいしておきます。

(割られる数) ÷ (割る数) ＝ (商)... (あまり)

これを書き換えると、
(割られる数) ＝ (割る数) × (商) ＋ (あまり)

たとえば、「ある数をaで割ったら、商がbであまりが3になった」という場合は、「**ある数＝ab＋3**」と表されるのです。

これは公式のように覚える必要はありませんが、中学校の数学では割り算の商やあまりの問題がちょくちょく出てきますし、高等学校でも使うので、そのつど、割り算のシステムを思い出して文字で表せるようにしておくといいですよ。

とくに、あまりをたしたら割られる数になるというところがポイントです。

第2節 Give and Takeの精神 解2つ出せというならヒントも2つ

一度に2つの謎を解く連立方程式

　方程式にもいろいろありまして、普通の方程式はおもしろかったけど、連立方程式にはあまりいい思い出がないなぁとおっしゃる方も多いでしょう。なにせ、面倒ですよね。1問解くために、2つの方程式を処理しなくてはならないのですから。なんだか損をした気分。おまけに、ただ解いてxとyの値を求めるだけならともかく、「ゆえに」「したがって」など、いちいち理由を書かされるのも不評です。xとyの値を求める作業よりも、そうやって筋道たてて表現していく力の方が、この単元のメインではあるのですが……。

　連立方程式ではたいてい2つの式が与えられ、そのどちらにもxとy、aとbなど未知数としての文字が2種類入っています。ときには3つの式から3つの解を求めなければならないこともあります。

　一度に解を2つも3つも求めるのは無理ですから、焦点を絞って、まず含まれる文字がxだけあるいはyだけの式をこしらえます。そうして、解を一つずつ順に求めていきます。この地道な作業の過程を、実際にやってみましょう。

[加減法]

[練習14]

$2x + y = 5$ ……①
$x - y = 1$ ……②

2つの式を足しあわせると…(①+②)

$$\begin{array}{r} 2x+y=5 \\ +)\ x-y=1 \\ \hline 3x=6 \\ x=2\ \text{……③} \end{array}$$

$x=2$ を②に代入すると

$2 - y = 1$
$-y = -1$
$y = 1$ ……④

③・④より $x = 2,\ y = 1$

[練習15]

$\begin{cases} x - 5y = -14 & \cdots ① \\ x + 2y = 7 & \cdots ② \end{cases}$

①-②

$$\begin{array}{r} x-5y=-14 \\ -)\ x+2y=7 \\ \hline -7y=-21 \\ y=3\ \text{……③} \end{array}$$

$y=3$ を②に代入すると.

$x + 2 \times 3 = 7$
$x + 6 = 7$
$x = 1$ ……④

③・④より $x = 1,\ y = 3$

[練習16]

$$\begin{cases} 5x + 2y = 16 & \cdots ① \\ 2x + 3y = 2 & \cdots ② \end{cases}$$

① × 3
$\qquad 15x + 6y = 48 \cdots ①'$

② × 2
$\qquad 4x + 6y = 4 \cdots ②'$

①' − ②'
$\qquad 15x + 6y = 48$
$\underline{-)\ 4x + 6y = 4}$
$\qquad\quad 11x = 44$
$\qquad\qquad x = 4 \cdots ③$

$x = 4$ を①に代入すると
$\qquad 5 \times 4 + 2y = 16$
$\qquad\quad 20 + 2y = 16$
$\qquad\qquad 2y = -4$
$\qquad\qquad\ y = -2 \cdots ④$

③④より $\quad x = 4,\ y = -2$

　式をこのままたしたりひいたりしただけでは、xもyも消えません。そこで、どちらかの文字の係数の最小公倍数を利用して係数を同じ数にそろえます。ちょうど、分数のたし算・ひき算で通分をしたのと同じ要領です。

　その最小公倍数が小さければ小さいほど計算が複雑になりにくいので、この場合はxの係数よりもyの係数、2と3を6にしてそろえるといいでしょう。

[練習17]

$$\begin{cases} \dfrac{x-1}{3} + \dfrac{y}{4} = \dfrac{3}{2} \cdots ① \\ 2(x+1) + 3(2y-1) = y+3 \cdots ② \end{cases}$$

① × 12

$4(x-1) + 3y = 18$ 〈かっこをはずし，定数項は右辺へ〉

$4x + 3y = 22 \cdots ①'$

② のかっこをはずして整理すると

$2x + 2 + 6y - 3 = y + 3$

$2x + 5y = 4 \cdots ②'$

①' − ②' × 2　x の係数をそろえる

$4x + 3y = 22$
$\underline{-)\; 4x + 10y = 8}$
$-7y = 14$
$y = -2 \cdots ③$

〈できるだけ単純な式を利用する!〉

$y = -2$ を ②' に代入すると

$2x + 5 \times (-2) = 4$

$2x = 14$

$x = 7 \cdots ④$

③, ④ より　$x = 7, \; y = -2$

分数は分母を払ったりして、式を整理します。

○x＋△y＝◇ の形に整理した後は、これまでと同じ要領で処理していきます。

まほうの方程式・不等式

練習14から練習17では、2つの式を互いにたしたりひいたりして、文字をxだけあるいはyだけにしました。この解き方を「加減法」といいます。

xやyの係数が1の場合は、次のような「代入法」で解くこともあります。

[代入法]
[練習18]

$$\begin{cases} 4x + y = 13 & \cdots ① \\ y = 3 + x & \cdots ② \end{cases}$$

②を①に代入すると
$$4x + (3 + x) = 13$$
　　　　　　yのかわり

$$4x + 3 + x = 13$$
$$5x = 10$$
$$x = 2 \cdots ③$$

$x = 2$を②に代入して
$$y = 3 + 2$$
$$y = 5 \cdots ④$$

③・④より $x = 2, y = 5$

これまで通りの加減法でも解けますが、このようにすると一気にxだけの方程式になります。この解き方が代入法です。

[練習19]

$$\begin{cases} 2x - 4y = 2 & \cdots ① \\ x + y = 4 & \cdots ② \end{cases}$$

②から
$$x = 4 - y \cdots ②'$$

②'を①に代入すると
$$2(4-y) - 4y = 2 \quad \rightarrow y のかわり$$
$$8 - 2y - 4y = 2$$
$$-6y = -6$$
$$y = 1 \cdots ③$$

$y=1$を②'に代入して
$$x = 4 - 1$$
$$x = 3 \cdots ④$$

③④より $x = 3, y = 1$

　とりあえず連立方程式の解き方をざっと述べてきましたが、連立方程式とは、いったい何だったのでしょうか。

　たとえば、「ドーナツとシュークリームを適当にみつくろって10個買ってきて」といわれたら、ドーナツ1個とシュークリーム9個、ドーナツ2個とシュークリーム8個、3個と7個、4個と6個……というように9通りの買い方ができます。ドーナツばかり10個あるいはシュークリームばかり10個というパターンも加えたら、11通りになります。ドーナツをx個、シュークリームをy個買うとして、$x+y=10$になるよ

うな組み合わせを考えるわけです。

ここでもう一つ、ドーナツが1個50円でシュークリームが1個100円のとき、予算700円をちょうど使い切るように買って来るという条件が加われば、xとyの組み合わせは1通りだけになるはずです。

このように、求めるべき数値が2種類のときに、与えられる条件やヒントがたった1つしかないようでは、解の組み合わせを1通りに決めてしまうことはできません。2つの値を決める必要があるのなら、条件やヒントも2つ必要です。

不等式の落とし穴

方程式は等号をふくむ等式です。それに対して不等号を含む不等式というものがあり、これは数量の大小関係を表した式で方程式とはいいませんが、未知数がある場合には、方程式のときと同じようにして、その未知数を求めることができます。

不等式では<、>、≦、≧の不等号を使いますが、≦と≧が、「<」や「>」と「=」を組み合わせたものだというのは、おわかりですね。

念のため、境界の数値を3として記号の意味と言葉の使い分け、そして数直線上での表し方を確認しておきましょう。

① $x<3$　xは3よりも小さい（xは3未満）

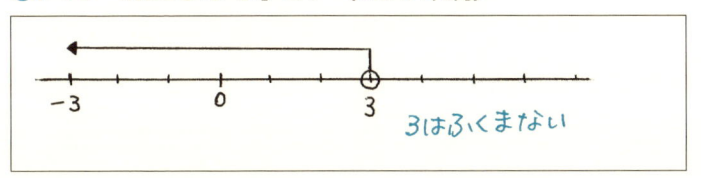

3はふくまない

② $x>3$　xは3よりも大きい

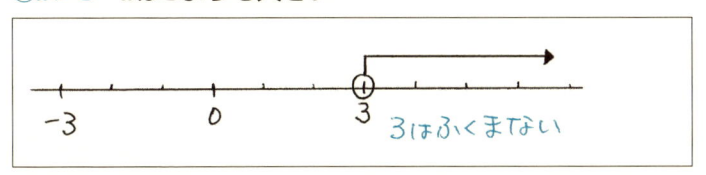

3はふくまない

③ $x\leqq3$　xは3以下

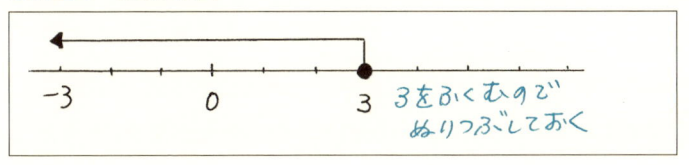

3をふくむので
ぬりつぶしておく

④ $x\geqq3$　xは3以上

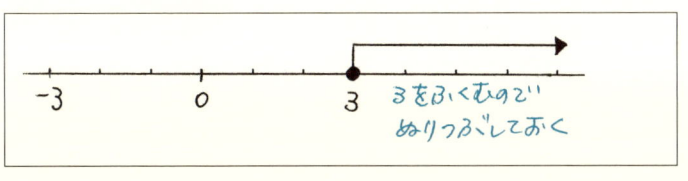

3をふくむので
ぬりつぶしておく

　以上、以下という言葉は、その境界の数値も含みます。xが3ちょうどでもよいのです。境界の数値を含まない場合は、

小さければ「未満」、大きければ「超」を使うことがありますが、不思議なことに、中学校では「未満」は使っても「超」は使うことがありません。境界の数値よりも大きいという範囲に関しては、「〜より大きい」というしかないのです。

ところで、方程式を解いて等号が成り立つxの値を求めたのとほぼ同様の操作は、不等式でも行うことができます。ただし、両辺に負の数をかけたり割ったりするときだけは、注意が必要です。

方程式ではその等号が成り立つようなただ１つの値を求めたわけですが、不等式の場合は、その大小関係を満足させる数の取り得る範囲を求めることになります。解はいくつもの数の集まりです。そのいくつもの数の集まりを示すために求める数値は、解である範囲と解でない範囲との境目の数値で、その数値自体は解になっていないこともあるのです。

たとえば、方程式で$x＝3$というように解が求められたときは、3が正真正銘、唯一絶対の解でした。ところが、不等式で$x＞3$という結果が出てきたときは、求める数は4だったり100だったり、3.001だったり3.15799だったり、3よりもほんの少しでも大きければなんでもいいわけです。そういう、3よりも大きい数値の集まりで、境目の数値が3ではあるものの、ちょうど3というのは解ではありません。

境目の数値が示すものはあくまでも数値だけであり、大小

関係ではありません。**大小関係は不等号**が示しています。そのため、天秤の左右のお皿をつり合わせるような作業だけでは、正しい結果を示しきれないことがあるのです。

不等式−1＜2の両辺に同じ数をたしたりひいたりかけたりしたときの変化で、一つ一つ検証していきましょう。

【たし算の場合】

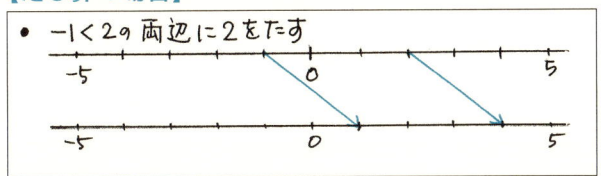

- −1＜2の両辺に2をたす

【ひき算の場合】

- −1＜2の両辺から2をひく

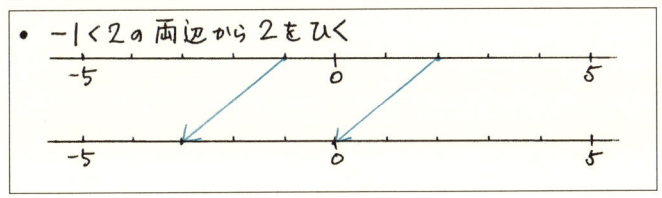

【正の数をかける場合】

- −1＜2の両辺に2をかける

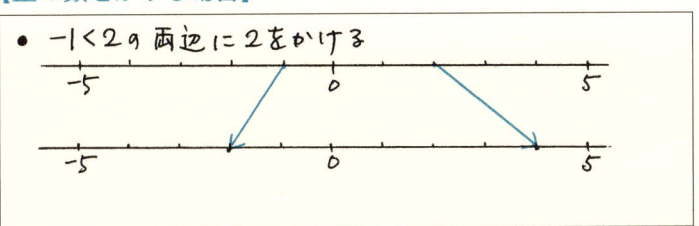

【負の数をかける場合】

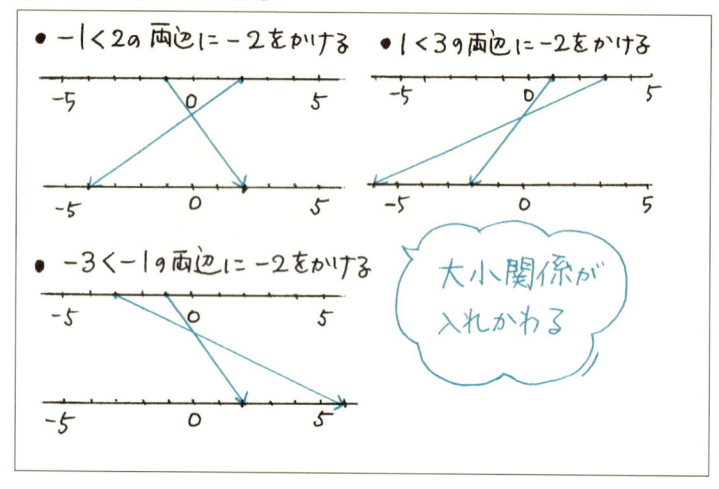

- $-1 < 2$ の両辺に -2 をかける
- $1 < 3$ の両辺に -2 をかける
- $-3 < -1$ の両辺に -2 をかける

大小関係が入れかわる

　負の数をかけると、どんな場合でも0の点を越えた瞬間に大小関係が逆になることがわかります。たとえば、1と3のそれぞれに−2をかけると−2と−6になります。1と3ではもちろん3の方が大きいのですが、−2と−6では、絶対値は−6の方が大きいけれども、単に数の大小をいう場合は−2の方が大きいのです。割り算は逆数のかけ算として考えられるので、かけ算の場合に検証したのと同じ現象がおきます。

　以上のことから、不等式を解くときは、特に**両辺に負の数をかけたり割ったりする際に、不等号の向きを逆にする必要**があるといえます。

[練習20]

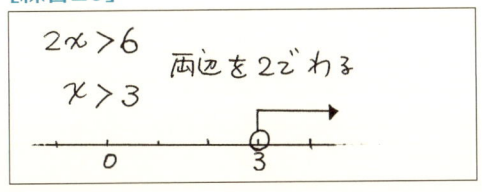

$2x > 6$
$x > 3$ 　両辺を2でわる

[練習21]

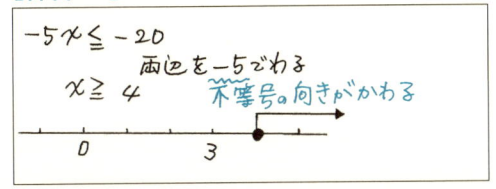

$-5x \leqq -20$
　　　両辺を-5でわる
$x \geqq 4$ 　不等号の向きがかわる

[練習22]

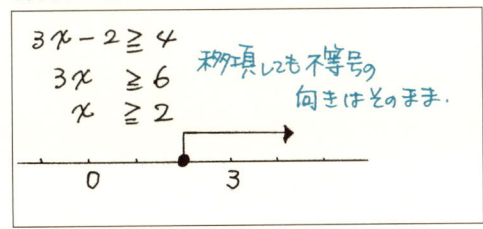

$3x - 2 \geqq 4$
$3x \geqq 6$ 　移項しても不等号の
$x \geqq 2$ 　　向きはそのまま.

[練習23]

$5 - 4x < 11$
$-4x < 6$
$x > -\dfrac{3}{2}$ 　両辺を-4でわる

[練習24]

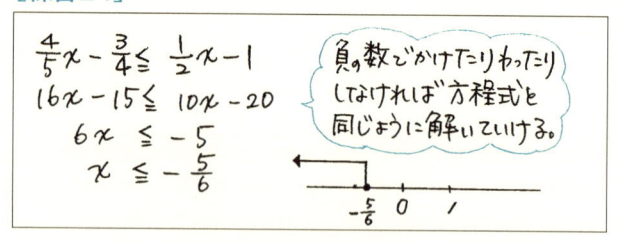

$$\frac{4}{5}x - \frac{3}{4} \leqq \frac{1}{2}x - 1$$
$$16x - 15 \leqq 10x - 20$$
$$6x \leqq -5$$
$$x \leqq -\frac{5}{6}$$

負の数でかけたりわったりしなければ方程式と同じように解いていける。

さて、2つ以上の方程式から複数の未知数を求めていたように、不等式でも大小関係について2つ以上の条件があれば、より的を絞った範囲として解が示せるようになります。そんな連立不等式の例を2つ見ていきましょう。

[例5]

$$\begin{cases} x + 9 \geqq 13 \quad \cdots ① \\ -3 + x \leqq 2 \quad \cdots ② \end{cases}$$

①より、
$$x + 9 \geqq 13$$
$$x \geqq 4 \quad \cdots ③$$

②より
$$-3 + x \leqq 2$$
$$x \leqq 5 \quad \cdots ④$$

③,④より $4 \leqq x \leqq 5$

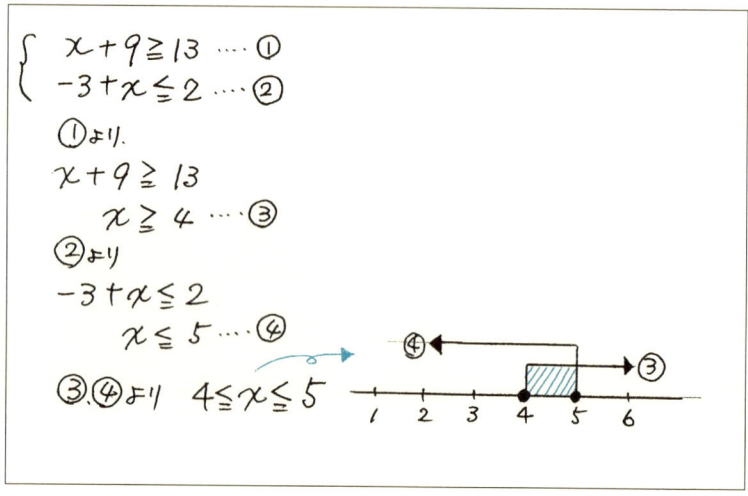

[例6]

$\begin{cases} x-5 < -2 & \cdots ① \\ x+3 \leqq 10 & \cdots ② \end{cases}$

①より
$x-5 < -2$
$x < 3 \cdots ③$

②より
$x+3 \leqq 10$
$x \leqq 7 \cdots ④$

③、④より
$x < 3$

第3節 数式におさまりきらぬ日常の波瀾万丈これまた楽し

文章題のポイント〜何を求めるか、何と何が等しいか

　方程式や不等式について、その解き方を説明してきましたが、もう、学校はとうの昔に卒業して試験と縁のない日常を送っている者にとっては、方程式をあれこれ操れたところで無駄知識みたいなものですね。ここはぜひ、方程式を利用して文章題を解く練習をしておきたいものです。

　教科書や問題集に載っているおなじみの文章題には、いちおう日常生活を舞台としている問題がたくさんあります。けれども、いまひとつ、現実離れしたストーリーが多いような……。だからこそ、私たちの日々の生活はワンパターンのようでありながら、実のところ「小説よりも奇なり」と感じられるというものです。

　ただ、あまり現実的ではない文章題でも、文章から得た情報をできる範囲で整理して数式でもって簡潔に記述する訓練は、知らず知らずのうちに役立っているはず。普段は「あ、いま私は論理的な思考をしているな」なんていう自覚がないから気づかないだけです。

[速度の問題]

> ある朝、太郎は学校へ行くため午前7時50分に家を出ました。12分後にお母さんが太郎の忘れ物に気づいたので、すぐさま追いかけたところ、ちょうど学校の門のところで手渡すことができました。
> お母さんが太郎の忘れ物を手渡すことができたのは、午前何時何分だったのでしょうか。ただし、太郎が歩く速度は4km/時、お母さんは6km/時で追いかけたとします。

まずは、上記のような速度の問題を、方程式を使って解いてみましょう。

方程式の文章題は、式を立てることがメインです。式さえできあがれば半分以上できたも同然。そして、方程式を立てる基本は、まず、わからない数、問われている数をxとし、同じ数値になるものを2通りの式で表して等号の両側におくことです。

この問題の場合、次のような2通りの解き方が考えられるでしょう。

【解き方1】

家から学校までの道のりをxとし、太郎が家を出てから学校に着くまでにかかった時間を等号の両側に示す場合

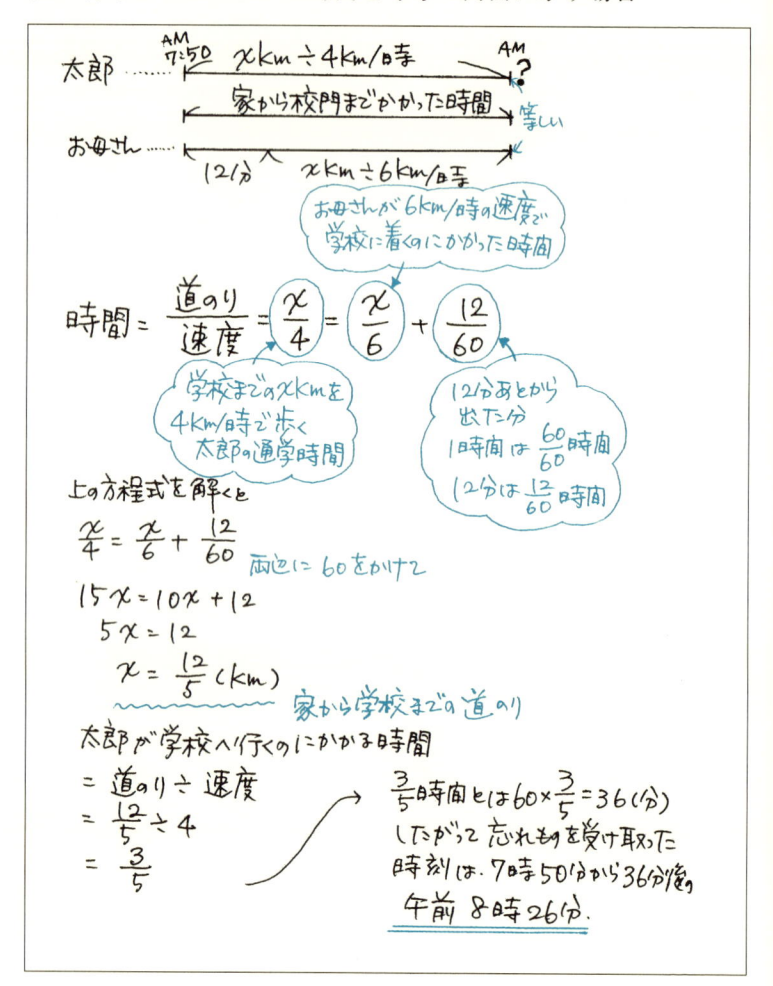

太郎 …… AM 7:50 $x$km ÷ 4km/時 AM ?
家から校門までかかった時間 → 等しい

お母さん …… 12分 $x$km ÷ 6km/時
(お母さんが6km/時の速度で学校に着くのにかかった時間)

$$時間 = \frac{道のり}{速度} = \frac{x}{4} = \frac{x}{6} + \frac{12}{60}$$

(学校までの$x$kmを4km/時で歩く太郎の通学時間)

(12分あとから出た分
1時間は $\frac{60}{60}$ 時間
12分は $\frac{12}{60}$ 時間)

上の方程式を解くと

$$\frac{x}{4} = \frac{x}{6} + \frac{12}{60}$$ 両辺に60をかけて

$$15x = 10x + 12$$
$$5x = 12$$
$$x = \frac{12}{5} (km)$$ 家から学校までの道のり

太郎が学校へ行くのにかかる時間
= 道のり ÷ 速度
= $\frac{12}{5}$ ÷ 4
= $\frac{3}{5}$

→ $\frac{3}{5}$時間とは $60 \times \frac{3}{5} = 36$(分)
したがって 忘れ物を受け取った時刻は、7時50分から36分後の
午前8時26分。

【解き方2】

太郎が家を出てから学校に着くまでにかかった時間をxとし、家から学校までの道のりを等号の両側に示す場合

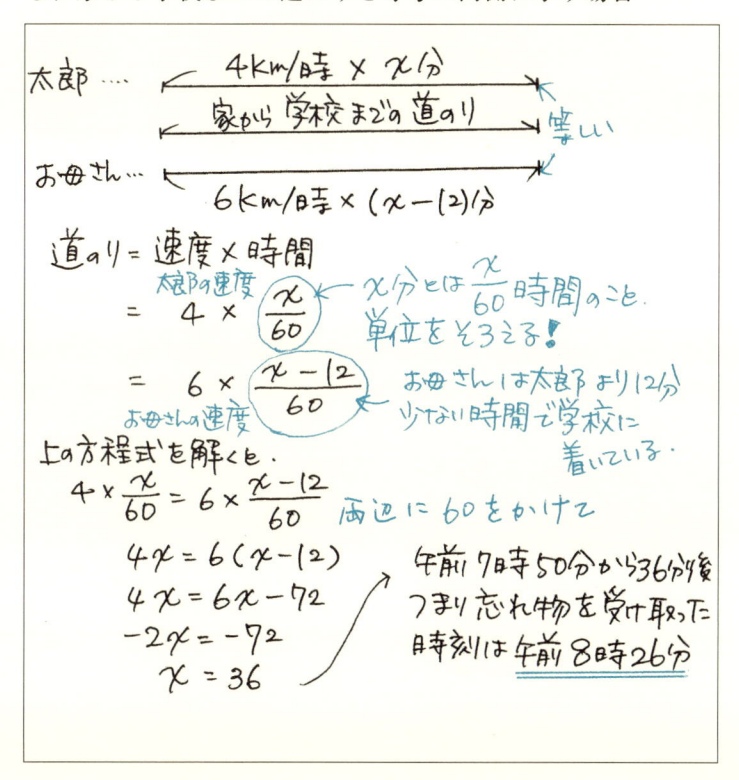

```
太郎…   ←―― 4km/時 × x分 ――→
        ←―― 家から学校までの道のり ――→  等しい
お母さん… ←―――――――――――――→
        6km/時 × (x−12)分
```

道のり ＝ 速度 × 時間

　　　　＝ 太郎の速度 $4 \times \dfrac{x}{60}$ ← x分とは$\dfrac{x}{60}$時間のこと。単位をそろえる！

　　　　＝ お母さんの速度 $6 \times \dfrac{x-12}{60}$ ← お母さんは太郎より12分少ない時間で学校に着いている。

上の方程式を解くと、

$4 \times \dfrac{x}{60} = 6 \times \dfrac{x-12}{60}$　両辺に60をかけて

$4x = 6(x-12)$
$4x = 6x - 72$
$-2x = -72$
$x = 36$

→ 午前7時50分から36分後、つまり忘れ物を受け取った時刻は<u>午前8時26分</u>

　速さ（時速、分速、秒速など）、道のり（距離）、時間。この3要素の関係は、「4×3＝12」で覚えておきましょう。

人が普通に歩く速度は、だいたい1時間に4kmぐらいです。そのまま3時間歩き続ければ、12 kmの道のりを歩くことができます。

こういう具体的なシチュエーションを頭の中にレパートリーのようにもっておくと、少々ややこしい文章題と対決するときでもけっこう落ち着いて式を立てていくことができますよ。

[濃度の問題]

> 粉末を溶かして飲むジュースがあります。家で飲むときは8％の濃度で作っており、いまも冷蔵庫に450ｇだけ冷やしてあります。
> ある夏の昼下がり、突然の来客があったので、このジュースを10％の濃度にしてお出しすることにしました。少し濃くするのは決して見栄を張るためではなく、氷を浮かべるからと配慮したのです。
> さて、この場合、ジュースの粉末はあと何ｇ加えたらいいですか。

ジュース粉末の量を2通りの式で表して等号の左右におきますが、ジュース全体のグラム数は加えた粉末の分だけ増えることに注意してください。

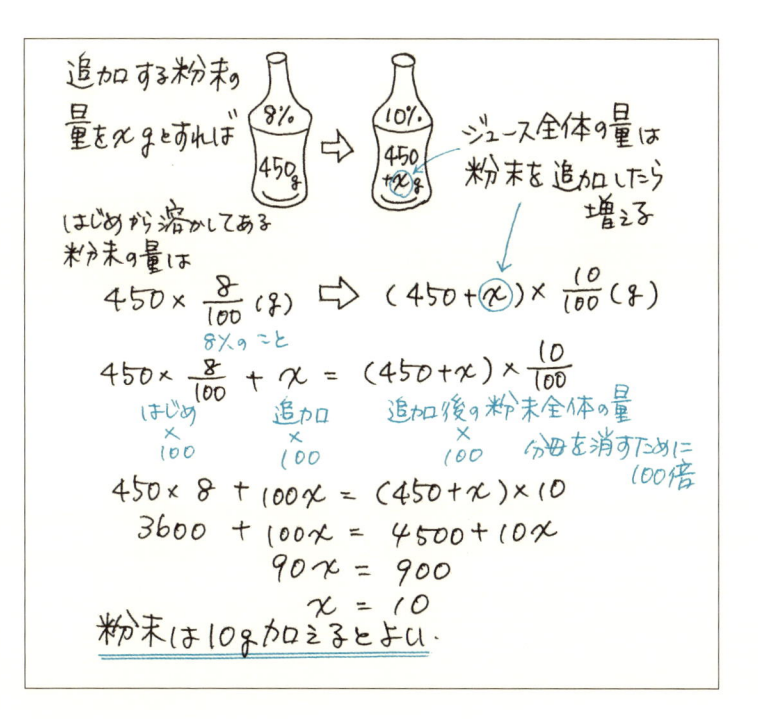

追加する粉末の量を x g とすれば

はじめから溶かしてある粉末の量は

$450 \times \dfrac{8}{100}$ (g) ⇒ $(450 + x) \times \dfrac{10}{100}$ (g)

ジュース全体の量は粉末を追加したら増える

$450 \times \dfrac{8}{100} + x = (450 + x) \times \dfrac{10}{100}$

（はじめ ×100、追加 ×100、追加後の粉末全体の量 ×100、分母を消すために100倍）

$450 \times 8 + 100x = (450 + x) \times 10$
$3600 + 100x = 4500 + 10x$
$90x = 900$
$x = 10$

粉末は10g加えるとよい。

[平均点の問題〜不等式を使って]

試験の自己採点をしてみたところ、英語が78点、数学が95点のようです。国語の結果は明日返されるのですが、3教科の平均点が80点以上なら、封印していたコミックの新刊を読む予定です。
国語が何点以上なら、3教科の平均が80点以上になるでしょうか。

まほうの方程式・不等式

比較的簡単な平均値の問題です。方程式を使って、平均点がちょうど80点になる場合を考えてもよいのですが、ここでは不等式を使って解いてみましょう。

$$\frac{78+95+x}{3} \geq 80$$

$$173+x \geq 240$$

$$x \geq 67$$

国語は67点以上ならよい

ところで、結果が返される段になってから「何点以上なら～」と考えるのは、あまり意味のないことだと思いますよ。試験を明日受けるのなら、がんばりようもありますが。

[割合の問題～不等式を使って]

> 秋の市民フェスタでフリーマーケット企画があり、手作り雑貨の店を出しました。目玉商品のパッチワーク・ポーチは200個用意。定価250円で、なかなかの売れ行きです。
> それでも、後半からは商品をさばくために割引することにしました。原価割れしないように割引くには、何％引きにすればよいでしょう。
> ただし、材料費は合計46000円かかり、出店料の500円もこのポーチの売り上げから出すようにします。

赤字は不本意でも黒字になる分には大歓迎。というわけで、割引しても元が取れ、あわよくば儲けが出るラインを不等式を使って求めてみましょう。

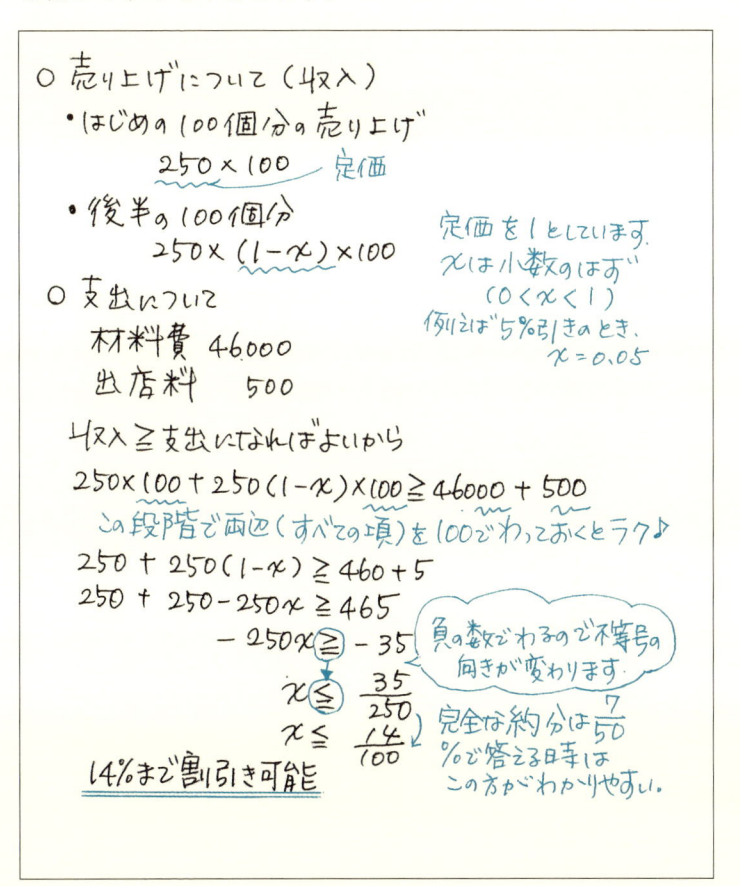

○ 売り上げについて（収入）
- はじめの100個分の売り上げ
  250×100 　定価
- 後半の100個分
  $250 \times (1-x) \times 100$

○ 支出について
　材料費　46000
　出店料　　 500

定価を1としています。
x は小数のはず
（$0 < x < 1$）
例えば5%引きのとき、
$x = 0.05$

収入 ≧ 支出 になればよいから

$250 \times 100 + 250(1-x) \times 100 \geqq 46000 + 500$

　この段階で両辺（すべての項）を100でわっておくとラク♪

$250 + 250(1-x) \geqq 460 + 5$
$250 + 250 - 250x \geqq 465$
$ -250x \geqq -35$
$ x \leqq \dfrac{35}{250}$
$ x \leqq \dfrac{14}{100}$

負の数でわるので不等号の向きが変わります。

完全な約分は $\dfrac{7}{50}$
%で答える時は
この方がわかりやすい。

14%まで割引き可能

まほうの方程式・不等式

連立方程式の文章題

ここからは、式が2つ以上の連立方程式を使って文章題を解いていきましょう。式が2つなら求める解も2つでしたね。

[つるかめ算]

池のほとりにツルとカメが合計7匹いるそうです。残念ながら塀に囲まれていてよく見えないのですが、塀の下からのぞくと足が全部で22本あることがわかりました。
ツルとカメはそれぞれ何羽と何匹いるのでしょうか。連立方程式を用いて考えましょう。

ツルを x 羽・カメを y 匹とすると

$$\begin{cases} x + y = 7 & \cdots ① \\ 2x + 4y = 22 & \cdots ② \end{cases}$$

② ÷ 2   ← ①×2でそろえてもOK！

$\quad x + 2y = 11 \quad \cdots ②'$

②' − ①   ← ①−②'でもよいですが、こちらの方が y の解がすぐに出ます。

$$\begin{array}{r} x + 2y = 11 \\ -)\ x + y = 7 \\ \hline y = 4 \quad \cdots ③ \end{array}$$

$y = 4$ を①に代入して
$\quad x + 4 = 7$
$\quad\quad x = 3 \quad \cdots ④$

③, ④より $x = 3,\ y = 4$ <u>ツルは3羽, カメは4匹</u>

問題集に載っていたり塾で習ったりするのだと思いますが、公立の学校で使う教科書には「つるかめ算」という言葉は出てきません。ツルとカメの足を数えて22本だなんて、まるで中国の故事の世界です。そもそも、ツルとカメでは足の形状がまったく違うのですから、どちらか少ない方の足を数えるだけで何匹ずついるかはわかってしまうはずです。いかにも「問題のための問題」みたいな問題です。

　小学生の頃にあれだけ悩まされた文章題も、中学校で方程式を習うと、機械的に解けるようになります。また、普通の方程式で式を立てたら少々煩雑になってしまうようなものでも、思い切ってxとyで連立方程式にしてしまうと、数式自体はよりシンプルになります。解くのはちょっと面倒かもしれませんが、間違いは少なくなります。

　文章題で方程式を利用するのは、便利な道具を使うのと同じです。ツルとカメの問題はいささかナンセンスですが、問題文をどのようにとらえ考えを進めたらたらよいのか、小学生のうちから試行錯誤しておくことは大事ではあります。

星子さんと月子さんは、春休みに毎朝ジョギングをすることにしました。学校の周り1020mを何周か回ります。
校門前からスタートして、2人が反対方向に走ったら、途中で出会うのは3分後。同じ方向に走ったら、月子さんの方が速くて17分後には1周多く回り、星子さんに追いつきました。
2人のペースがずっと変わらないものとして（鉄人ですか!?）、それぞれの走る速度を求めましょう。

- 星子さんの速度を x m/分
- 月子さんの速度を y m/分 とすると.

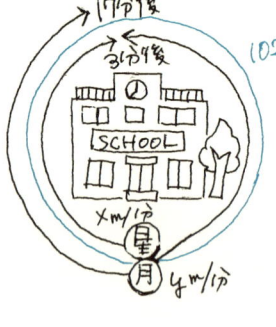

- 互いに反対方向に走る時
$$3(x+y) = 1020 \cdots ①$$
二人の速さの合計
二人で協力に回るようなもの

- 同じ方向に走る時
$$17(y-x) = 1020 \cdots ②$$
一分あたり、これだけの差がつく。

> ①÷3　　$x+y=340$ ……①'
> ②÷17　　$y-x=60$ ……②'
> ①'+②'　　$2y=400$
> 　　　　　　$y=200$
> ①'に $y=200$ を代入して $x=140$
> 　星子さんは 140m/分、月子さんは 200m/分

[買い物の問題]

1個80円のコロッケと110円の串カツを合計10個になるように買います。
予算が800円未満の場合、串カツは何本買えるでしょうか。

買い物の問題は、速度や濃度の問題に比べると簡単に式が立てられそうですね。そして、次のような結果が出てきたのではないでしょうか。

> コロッケを x 個 串カツを y 本 買うとすると
> $\begin{cases} x+y=10 \quad \cdots ① \\ 80x+110y<800 \quad \cdots ② \end{cases}$
> ①より $x=10-y$ ……①'
> ②÷10
> 　　$8x+11y<80$ ……②'
> ①'を②'に代入して
> 　　$8(10-y)+11y<80$
> 　　$80-8y+11y<80$
> 　　　　　　$3y<0$
> 　　　　　　　$y<0$ ❓
>
> 串カツが一1本、-2本なんてありえない❕

まほうの方程式・不等式

単純に解いていくと、串カツは0本だから80円のコロッケを10個買って帰ることになります。まあ、普通はそうするのでしょうね。「800円未満しか使うな」と言われたって、おそらく800円は持たされてお使いに出ているのでしょうから。もしも、799円までしか使うなといわれたら、携帯電話から家に連絡を取って「1円ぐらいいいよね？」と了解を取るかもしれませんが、それも律儀なことです。

　でも、あくまでもこの問題に対して答えるときは、「解なし」ということになります。

　計算だけしてなんらかの数値が出てきたとしても、その数値が本当に問題に適しているのかどうか、必ず検証が必要です。数学に限らず、現代社会全体がそうですね。この頃は便利な道具や機械があふれているし、なんでもスマートに作業が進む時代ですが、そんな時代だからこそ検証するという姿勢は大事だと思いませんか。

　さて、コロッケと串カツの話に戻ります。

　さあ、困りました。一番安いコロッケばかりを買うにしても予算が足りません。けれども、よく見ると「5個以上お買い上げで1割引！」としてあります。これなら、なんとか800円未満でお買い物ができそうです。

　そこで、もっともお得感のある買い方、どちらも5個ずつ

買う場合を考えましょう。こうすると、コロッケも串カツも1割引になるのですよね。

ところが、コロッケ5個が1割引でも360円。串カツは5個で1割引にしてもらって495円です。合計は855円になってしまいます。串カツを5個なんて、ぜいたくな買い方をしていたのでは予算オーバーです。

ここからは、再び数学的論理的に思考を進めていきましょう。

串カツは5個でも予算オーバーでしたから、ここはコロッケ5個以上の場合でなんとか800円未満の予算になるボーダーラインを探します。

5個以上買うとき、コロッケ1個あたり72円になるから

$72x + 110y < 800$
コロッケ 串カツ　　予算

$x = 10 - y$ (①') を代入すると

$72(10-y) + 110y < 800$

$720 - 72y + 110y < 800$

$38y < 80$

$y < 2 + \frac{2}{19}$

yは自然数だから1または2

串カツは1本か2本買える。

まほうの方程式・不等式

第4節 脱出だ！ 方程式の樹海から二次の向こうに明日が見える

ダブルキャストの二次方程式

　方程式の話の最後に、二次方程式についても触れておきます。一次方程式があれば二次もあり、高等学校では三次方程式も出てきます。けれども、これらの解き方は単純に一次方程式の延長にはなりません。方程式の次数が増えてくると、身近な問題を解決するにはほとんど役立たずになってきますし、未知数を求めることよりも、方程式そのものの性質が次数によってどのように発展していくのかというところに、主眼がおかれるようになるのです。

　二次方程式の解を求めるのであれば、最終目標はやはり、「$x^2=$　〜　」か「$(xの1次式)^2=$　〜　」の形へ数式を変形していくことになります。

[例7]

$x^2=9$

　2乗して9になる数といえば3がすぐに思い浮かぶと思いま

す。でも、解は3だけではありません。通常二次方程式は実数の範囲で考えますから、−3も解となります。

このように、多くの場合、二次方程式の解は2つあります。このとき、解の書き表し方は次のようにします。

$x = \pm 3$

これだけで＋3と−3を一度に表しています。

[例8]

$$x^2 + 3 = 6$$
$$x^2 = 6 - 3$$
$$x^2 = 3$$
$$x = \pm\sqrt{3}$$

一次方程式と同様に移項 x をふくむ項を左辺に残す。

二次方程式の解として平方根がよく出てくる。

[例9]

$$(x+2)^2 - 5 = 20$$
$$(x+2)^2 = 25$$
$$x + 2 = \pm 5$$
$$x = -7, 3$$

$$\begin{cases} +5 - 2 = 3 \\ -5 - 2 = -7 \end{cases}$$

[例10]

$$(x+a)^2 + b = c$$
$$(x+a)^2 = c-b$$
$$x+a = \pm\sqrt{c-b}$$
$$x = -a \pm \sqrt{c-b}$$

(例9)の数字を文字におきかえてみました。

√のある項はあとでかきます。

[例11]

$(x-3)(x+2) = 0$

もしもこのように変形できたなら、

「AB＝0　ならば　A＝0　または　B＝0」

この論理を利用して解きます。

つまり、この場合は $(x-3)$ か $(x+2)$ のどちらかが0であることから、$(x-3)=0$ または $(x+2)=0$

したがって $x=3$ または $x=-2$ です。

これは二次方程式の特別な場合なのですが、中学校の教科書にはこのパターンで解く二次方程式が必ず紹介されています。

[例12]

$$x^2+2x-15=0$$

【解き方1】 因数分解を利用

例11のように、一次式の積の形に因数分解してから解きます。

$x^2+2x-15=0$　　かけて−15、たして2になる数
　　　　　　　　　　の組み合わせは5と−3
$(x+5)(x-3)=0$
$x+5=0$　または　$x-3=0$
よって、$x=-5$、3

【解き方2】 左辺を一次式の2乗の形にする

$x^2+2x-15=0$　　2乗すると「x^2+2x〜」が
　　　　　　　　　出てくる一次式は……
$(x+1)^2\underline{\underline{-1}}-15=0$
　　　　　　　　　　$(x+1)^2=x^2+2x+\underline{\underline{1}}$
$(x+1)^2=16$　　この分はひいて調整
$(x+1)=\pm4$
$x=-1\pm4$
$x=-5$、3

まほうの方程式・不等式

[例13]

$$x^2 + px + q = 0$$

$(x+\ )^2$ の形にするには $\frac{1}{2}p$ が手がかりに！

$$\left(x + \frac{1}{2}p\right)^2 = x^2 + px + \frac{1}{4}p^2$$

展開するとこの部分の2倍が x の係数になっている

この部分が余分なのであとでひいておく。

$$x^2 + px + q = 0$$

作為的な変形

$$\left(x + \frac{1}{2}p\right)^2 - \frac{1}{4}p^2 + q = 0 \qquad x^2+px \text{ といっしょ}$$

$$\left(x + \frac{1}{2}p\right)^2 = \frac{1}{4}p^2 - q \quad \leftarrow (x \text{ の一次式})^2 = 定数 \text{ の形}$$

$$x + \frac{1}{2}p = \pm\sqrt{\frac{1}{4}p^2 - q}$$

$$x = -\frac{1}{2}p \pm \sqrt{\frac{1}{4}p^2 - q}$$

$$= -\frac{1}{2}p \pm \frac{\sqrt{p^2 - 4q}}{2}$$

$$= \frac{-p \pm \sqrt{p^2 - 4q}}{2}$$

$$\sqrt{\frac{1}{4}p^2 - q} = \sqrt{\frac{p^2 - 4q}{4}} = \frac{\sqrt{p^2 - 4q}}{\sqrt{4}} = \frac{\sqrt{p^2 - 4q}}{2}$$

例12の数を文字におきかえたパターンです。大変煩雑になりましたが、これは高等学校で習う「二次方程式の解の公式」を導くのとほぼ同じプロセスです。解の公式は「$ax^2+bx+c=0$」の解を求める公式でしたから、もう少し複雑なものでした。高校の数学で嫌というほど使ったのを覚えている人もいるのでは？

[例14]

$$x^2-8x+16=0$$

左辺を因数分解すると

　$(x-4)^2=0$

これって、2乗して0になるというのですから、(　)の中の一次式は2乗しなくてもやっぱり0ですね。

　$(x-4)=0$

ということは、

$x=4$

これが解です。例7で「多くの場合、二次方程式の解は2つあります」と述べましたが、こんな特別な場合もあるのです。「多くの場合」でない場合というわけですね。このとき、「この二次方程式は重解をもつ」といういい方をします。一見、たった一つの解ですが、一人二役をしているようなものなんですね。

もう一度プロセスをゆっくりとたどってみましょう。

　$(x-4)^2=0$
　$(x-4)(x-4)=0$
　$x=4$、4

こういう事情があるわけです。

【ノート】主な用語を押さえておこう

＊等式：等号（＝）を使って、その左右にある数量が、たがいに等しいことを示す式

＊左辺：等式の左側の式

＊右辺：等式の右側の式

＊解　：方程式を成り立たせる文字の値

＊移項：等号（＝）や不等号（≦、≧、＜、＞）の左側にある項を、符号を変えて右側に移したり、右側にある項を符号を変えて左側に移すこと

＊一次方程式　　：一次の項だけでできている方程式

＊☆元△次方程式：☆元の「☆」の部分は、方程式の中に含まれている文字（未知数）が何種類あるかを示す。△次の「△」は次数を表す

（例1）二元一次方程式は、2つの文字を含む一次方程式。たとえば$2x+3y=5$など。

xとyの2種類の文字があり、どの項も2つ以上の文字をかけ合わせたり、2乗や3乗になっておらず、すべて一次の項。

(例2) 三元一次方程式は、$x+y-2z=8$ など。
　　　　x と y と z の3種類の文字があり、どの項も一次の項。

(例3) 二次方程式は、$x^2+x+1=6$、$x^2-1=4$、$x^2+xy+2y^2=1$ など。
　　　　式の中に2乗の項がある。

＊連立方程式：2つ以上の方程式の組

分数ファンタジー「12玉の毛糸」

～第1章 第1節
「分数の割り算は逆数にしてかける」という道具に関連して

今度の新しい学習指導要領では、発達や学年の段階に応じた反復（スパイラル）による指導を充実させるため、小学校の2年生で分数に出会うことになるといいます。

以下にご紹介するのは、まだ分数の割り算を習っていない段階の子どもたちが、ちょっと分数の割り算に親しめたら……と考えて、作ったミニ童話です。ツッコミどころ満載かもしれないへんてこりんな童話ですが、各ご家庭の日常にあわせて、いろいろアレンジしてみてくださいね。

あるところに、あみものの大好きなコブタがいました。コブタは、ある日お母さんからきれいな毛糸を12玉もらいました。

そこで、コブタは森のコビトたちにセーターをあんであげることにしました。

お母さんは言いました。
「コビトのセーターなら2玉で1枚あめるよ」
　セーターは何枚あめるかな？（12÷2＝6）

コブタは思いました。
「たったそれだけか。もっとたくさんのコビトにあんであげたいなぁ」
　そこで、お母さんがアドバイスしました。
「それじゃベストにすれば？ベストなら１玉で１枚あめるよ」
　ベストは何枚あめるかな？　（12÷1＝12）

「それでも、森のコビトはもっとたくさんいるんだから、まだまだたりないよ」
　コブタがそう言うと、２人の話を聞いていたおさるが言いました。
「じゃあ、ぼうしにすれば？ぼうしなら、１玉で２つあめるよ。つまり、１つの帽子をあむのに毛糸は２分の１玉でいいんだよ」
　ぼうしはいくつあめるかな？　（12÷$\frac{1}{2}$＝24）

　コブタはそれでもまだたりないと言います。
「山のコビトにもあんであげたいのだから、もっとたくさんあめるものがいいな」
　そこで、おさるは言いました。
「じゃあ、くつ下にすれば？くつ下なら１玉で３つあめるよ。つまり、１つのくつ下をあむのに毛糸は３分の１

玉でいいんだよ」

くつ下はいくつあめるかな？（$12 \div \frac{1}{3} = 36$）

これなら、小さいけれどもたくさんのくつ下があめるので、コブタも大満足です。さっそくくつ下をあみ始めました。おさるもあむのを手伝いました。

2人は夢中になってあんでいましたが、とつぜんおさるがさけびました。

「あっ、しまった。くつ下は2つで1人分だ。つまり、1つあむには3分の1玉しか使わないけど、1足あむにはその2倍、3分の2玉必要だった。うっかりしてたよ。

けっきょく、くつ下は何足あめる？（$12 \div \frac{2}{3} = 18$）

コブタはちょっと悲しそうに言いました。

「それじゃあ、ぼうしをあんでいたほうがよかったね」

おさるも申しわけなさそうにしょんぼりとうなだれています。

そのようすを見ていたお母さんが言いました。

「悲しむことはないよ。今度また毛糸があまったら、あげるからね。きょうのところは仕方がないから、コビトたちに集まってもらってちゅうせん会をしたらどう？」

すると、コブタとおさるはすぐに気を取りなおして、ちゅうせんパーティーのじゅんびをしはじめたのでした。

おわりに

> 数学的に正しく説明しようとすると難しくなる。
> わかりやすく説明しようとすると、
> 数学的に問題が出てくる。

　中学校レベルの数学は、たいして難しいことをやっているわけではありません。けれども、言葉だけはやたらとこむずかしかったり、言い回しにこだわりを求められますね。それは、数学のもつ宿命のようなものです。

　論理的に段階的に話を進めていくうえで、一つ一つの言葉や表現について各人がその意味を好き勝手にとらえているようでは、伝えたい本当の気持ちが伝わらないのです。数学では、言葉や文字や記号だけがその心を伝える手段です。以心伝心なんてもってのほか。「3＋5は？」と問われて、答えるべきは「8」でしかありません。ニコニコしながらでも泣きながらでもいいから、「8」と答えたら正解。自信満々の様子で答えても、「10」や「6」では間違いです。
　言葉・文字・記号の定義を共通のものとして理解し、決まったルールで運用していかなければなりません。

けれども、数学を自分で楽しむだけなら、もっと自由にしていてよいのです。

数学は、基礎からの積み上げだ。
数学には、正解と不正解のどちらかしかない。
この2つは、よくいわれていますね。

でも、数学の基礎って、どこまでが基礎なのでしょうか。数学に限らず何かをきちんと理解するためには、そのために知っておかねばならないことが必ずあります。

だからといって、目の前にある課題に取り組む前に基礎の復習ばかりしようというのでは、なかなか本題に着手できません。むしろ、目の前の課題から逃避するために、基礎に逃げてしまうことすらあるのではないでしょうか。

勇気を出して、思い切って問題に取り組んでみてください。わからないことがあれば、その部分だけフィードバックさせればよいのです。応用問題に取り組んでこそ、自分に足りない基礎が実感できるということもあります。

成長真っただ中の子どもなら、物事に取り組む順番を慎重に考える必要もあるでしょう。けれども大人の場合は、もうある程度の準備はできていることにして、どんどん進んでいってもかまわないのです。

そして、ようやく出した答えが解答と違っていても、あまりがっかりしないでください。○をもらわないと不安になるのは、いまの時代の大人の悪い癖です。誰かが○をつけてくれるまでは、いつまでも×をつけられているような気分になって、すぐにストレスをためてしまうのです。

　数学の解答は、あくまでも解答例です。命にかかわったり人を傷つけることにつながらなければ、正解にたどり着けなくても自分を責める必要はありません。そこに至るまでにどんなふうに考えたかということこそ、数学の本質なのです。正解は後からついてくるおまけです。

　どうか、人生の旅のおともに数学も加えてみてくださいね。

土井里香

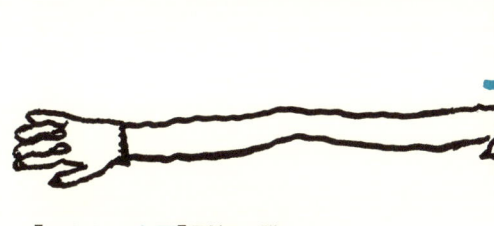

[おとなの楽習]刊行に際して

[現代用語の基礎知識]は1948年の創刊以来、一貫して"基礎知識"という課題に取り組んで来ました。時代がいかに目まぐるしくうつろいやすいものだとしても、しっかりと地に根を下ろしたベーシックな知識こそが私たちの身を必ず支えてくれるでしょう。創刊60周年を迎え、これまでご支持いただいた読者の皆様への感謝とともに、新シリーズ[おとなの楽習]をここに創刊いたします。

2008年　陽春
現代用語の基礎知識編集部

おとなの楽習1
数学のおさらい──数と式

2008年5月31日第1刷発行
2010年4月17日第4刷発行

著者	土井里香（どいりか） ©DOI RIKA　PRINTED IN JAPAN 2006 本書の無断複写複製転載は禁じられています。
発行者	横井秀明
発行所	株式会社自由国民社 東京都豊島区高田3-10-11 〒　171-0033 TEL　03-6233-0781（営業部） 　　　03-6233-0788（編集部） FAX　03-6233-0791
装幀	三木俊一（文京図案室）
企画編集	(有)アルス
DTP	日本アーツプロダクツ／小塚久美子
編集協力	長坂亮子
印刷	図書印刷株式会社
製本	新風製本株式会社

定価はカバーに表示。落丁本・乱丁本はお取替えいたします。

言葉は、広い世界への入り口。
ページを開けば明日が見えてくる。

- 「今日の論点」で新聞の難しい記事も理解できるようになった。
  ●40歳・男性

- 政治から流行まで幅広く、ぱらぱらと見てるだけで世の中が一望できる。
  ●28歳・男性

- 言葉を調べるための事典と思ってたら、有名な学者の論考も載っていて得した感じ。
  ●23歳・男性

- ネットも良いけれど、もっと正確で、知識として身になる。
  ●32歳・男性

- 生まれる前からずっと出ている本だから信頼できる。
  ●29歳・女性

- カラーページも多くて見やすく、似顔絵もおもしろい。
  ●17歳・女性

- ニュースになった言葉をじっくり調べることができる。
  ●58歳・女性

- ちょうど枕の大きさ。昼寝を終えると頭が冴えているから不思議。
  ●48歳・男性

現代用

日本の「ことば」を見つめて、62年
1948年の創刊以来
3200万読者の支持を集める
ロングセラーの金字塔

基礎知

Encyclopedia of contem

ワイド特集 今日の論点 「政権交代」から
Today's KeyW

巻頭特集 2010年代の新・常識

似顔フラッシュ やくみつる"政権交代"を

綴込付録 人物で読む昭和
[戦後の人気者たち]から

201

現代用語の基礎知識

- 孫娘の使う言葉の意味がわかるようになった。 ●82歳・女性
- 一般の辞典に掲載されていない新語が載っていて便利。 ●20歳・男性
- 「人物で読む昭和＆平成年表」は時代背景が分かり、親子で楽しめる。 ●46歳・女性
- あの流行語大賞がこの本から選ばれていたなんて初めて知りました。 ●19歳・女性
- 海外旅行のとき、その国のことを知ってから出掛けた。 ●36歳・女性

2010年版　定価 2,980円(税込)　A5判／1736頁

現代用語の基礎知識

学習版

発売中　www.jiyu.co.jp　1500円（税込）

子供はもちろん大人にも。

2010 → 2011